Erik Renk

Das Feierabend-Startup

Erik Renk

Das Feierabend-Startup

Risikolos gründen neben dem Job

REDLINE | VERLAG

Bibliografische Information der Deutschen Nationalbibliothek:
Die Deutsche Nationalbibliothek verzeichnet diese Publikation in der Deutschen Nationalbibliografie; detaillierte bibliografische Daten sind im Internet über **http://d-nb.de** abrufbar.

Für Fragen und Anregungen:
info@redline-verlag.de

4. Auflage 2019

© 2017 by Redline Verlag, ein Imprint der Münchner Verlagsgruppe GmbH,
Nymphenburger Straße 86
D-80636 München
Tel.: 089 651285-0
Fax: 089 652096

Alle Rechte, insbesondere das Recht der Vervielfältigung und Verbreitung sowie der Übersetzung, vorbehalten. Kein Teil des Werkes darf in irgendeiner Form (durch Fotokopie, Mikrofilm oder ein anderes Verfahren) ohne schriftliche Genehmigung des Verlages reproduziert oder unter Verwendung elektronischer Systeme gespeichert, verarbeitet, vervielfältigt oder verbreitet werden.

Redaktion: wirtschaftsredaktion schuch, Monika Spinner-Schuch, Bad Aibling
Umschlaggestaltung: Marc-Torben Fischer, München
Umschlagabbildung: Shutterstock.com/Rauf Aliyev; shutterstock.com/ Blan-k
Satz: Satzwerk Huber, Germering
Druck: GGP Media GmbH, Pößneck
Printed in Germany

ISBN Print 978-3-86881-661-7
ISBN E-Book (PDF) 978-3-86414-942-9
ISBN E-Book (EPUB, Mobi) 978-3-86414-941-2

Weitere Informationen zum Verlag finden Sie unter

www.redline-verlag.de

Beachten Sie auch unsere weiteren Verlage unter www.m-vg.de

Inhalt

Vorwort 9

Geschäftsmodelle entwickeln und
die richtige Geschäftsidee finden 13
    Warum dein Feierabend-Startup das letzte legale
        Abenteuer ist.. 13
    Eine kleine Änderung mit großem Unterschied................ 17
    Brauchst du einen Businessplan?.............................. 26
    Interview mit Dr. Günter Faltin 27
    Vom hässlichen Entlein zum schönen Schwan................ 38

Der passende Anzug für dein Feierabend-Startup 51
    Die perfekte Rechtsform für dein Feierabend-Startup 51
    5 Kriterien, die für eine Gewerbeanmeldung sprechen 65
    Alles, was du über die freien Berufe wissen musst 72
    Buchhaltung und Steuer... 79
    Steuerlicher Erfassungsbogen 88
    Versicherungen, Schutz und Vorsorge......................... 93
    Besser im Team oder lieber solo gründen?................... 105
    Wo kann, will und darf ich arbeiten? 107
    Nebenberuflich selbstständig – endlich zufriedener werden ... 116
    Teilzeit, Urlaub und Krankheit 124
    Finanzen, Rücklagen- und Vermögensbildung:
        das passive Einkommen 127
    Auflösung – »Scheitern« ist erlaubt 130
    Besonderheiten für Österreich und Schweiz................. 133

Inhalt

Der Weg zum Kunden **143**
   Ein Überblick über das Marketing 143
   Eine Ära geht zu Ende – Vorhang auf für eine neue
      Marketingmethode 144
   Wozu brauche ich Bloggersoftware? Ich will doch gar nicht
      bloggen! 147
   Warum Keywords nützlich für dich sind 149
   Wähle dein Design und erstelle dir ein Skizze deiner
      zukünftigen Website 156
   Ran an die Tasten! 160
   Jetzt wird es ernst. Melde deine Internetseite an 168
   Wie es bei mir gelaufen ist, und wie du auf die Seite eins
      bei Google kommen kannst 176
   Du willst einen Onlineshop bauen? Kein Problem! 182

Wie du aus Besuchern echte Kunden machst **187**
   Wie nutzt du die Kundenleiter für dein Feierabend-
      Startup? 187
   Wie du einen professionellen Verkaufskanal aufbaust 194

Dein eigener Accelerator – arbeite smart und spare Zeit **199**
   Nutze Listen 199
   Geschäftskonto und Rechnungen schreiben 201
   Logo, Name & Co. 204
   Spare dir Stress und investiere in Sicherheit 208

Schutzrechte – wie sicherst du deine Geschäftsidee? **211**
   Solltest du eine Marke eintragen lassen? 211
   Lohnt sich eine Patentanmeldung für dich? 216
   Unterliegst du mit deinem Feierabend-Startup
      dem Urheberrecht? 219

Wie kannst du Abmahnungen vermeiden? 225
    Impressum 225
    Datenschutz 226
    AGB 227
    Widerrufsbelehrung 228

Mindset & Mentale Stärke 231
    Auf der Reise zum eigenen Mittelpunkt 231
    Das Mastermind-Prinzip 238
    Dein Feierabend-Startup als One-Hit-Wonder? 240
    Ausdauer 241
    Warum dich die Universität nicht auf dein Feierabend-
        Startup vorbereitet 243
    Wie du es schaffst, Ausgleich zu finden 245

Auf in die Praxis – nach dem Lesen folgen Taten 249

Vielen Dank 251

Über den Autor 251

Stichwortverzeichnis 253

Vorwort

Du kannst das Gründen deines Feierabend-Startups mit dem Autofahren vergleichen. Erinnerst du dich noch an deine erste Fahrstunde? Alles war neu, und du hast den Umgang mit dem Auto wahrscheinlich erst mal auf dem Übungsplatz oder der Landstraße geübt. Du würdest als Fahranfänger bestimmt nicht mit einem Rennwagen auf den Nürburgring fahren. Zu groß ist das Risiko, dass du die Kontrolle über den Wagen verlierst und einen Unfall verursachst. Du kannst den Nürburgring mit der Vollerwerbstätigkeit vergleichen, in die du dich ohne Erfahrung und mit begrenzten finanziellen Mitteln stürzt. Der Übungsplatz wäre dann die nebenberufliche Selbstständigkeit. Hier kannst du deine Idee dem Proof of Concept aussetzen, ohne dass du auf dein regelmäßiges Einkommen verzichten musst. Dabei muss die Vollgründung gar nicht dein Ziel sein. Mehrere Studien zeigen, dass nur wenige Menschen vom Nebenerwerb in den Vollerwerb wechseln.

Dieses Buch soll eine Einladung sein, dich nebenberuflich selbst zu verwirklichen. Es soll dir die Angst nehmen zu scheitern und dir das nötige Grundlagenwissen vermitteln, wie du dein Feierabend-Startup zum Erfolg führst. Ich wünsche dir auf deinem Weg jede Menge persönlichkeitsentwickelnde Erfahrungen, finanziellen Erfolg und vor allem den Genuss der Freiheit, die dir das Aufbauen eines zweiten Standbeins schenken wird. Manchmal wird aber aus dem zweiten Standbein auch ein großes Unternehmen. Beispiele dafür findest du in diesem Buch genug.

Mir ist wichtig, für mich selbst sorgen zu können. Dieser Wunsch hat mein ganzes Leben geprägt. In meiner Kindheit und Jugend hat mein Taschengeld selten über den Monat gereicht, und ich war ständig von meiner akuten Geldnot genervt. Deshalb habe ich mit 15 Jahren meinen ersten Job angenommen: Auf einem Biobauernhof zupfte ich für 4 Euro pro Stunde Unkraut. Die Arbeit war extrem hart, aber ich war endlich unabhängig. Damals traf ich in der gleißenden Mittagshitze auf dem Acker eine Entscheidung: Ich schwor mir, mich mit jedem weiteren Job zu verbessern.

Mit 16 Jahren musste ich die 10. Klasse wiederholen, weil ich mich einfach nicht mit dem gebotenen Schulsystem arrangieren konnte. Meine Mutter schickte mich auf eine Privatschule, betonte aber, dass sie leider nicht für die Kosten aufkommen könne. Das war der Moment, wo ich mich dazu verpflichtete, jeden Monat rund 150 Euro pünktlich zum Monatsersten aufzutreiben. Zum Glück konnte ich im örtlichen Bioladen aushelfen und mir dadurch meine Schulzeit finanzieren. Leider hatte ich als Schüler nur begrenzte Verdienstmöglichkeiten. Also musste ich eine neue Lösung finden.

Mit 19 Jahren machte ich mich noch während der Schulzeit mit einem Nebenerwerb selbstständig. Mir gelang es in der Folgezeit, meine Einnahmen durch Ausbildungskosten wie Seminare, Mentorenprogramme und Coachings so zu verringern, dass ich die Verdienstgrenze für den Nebenerwerb einhalten konnte. Gleichzeitig konnte ich dadurch mein unternehmerisches Wissen immens verbessern. Damals entschied ich mich für das Thema Finanzen, weil es mir Spaß machte. Ich hatte bereits unzählige Bücher über Themen wie Immobilien, Versicherung, Edelmetalle, Rohstoffe, Aktien und Finanzierungen gelesen.

Ich verschlang sogar den dicken Wälzer *Die Geheimnisse der Wertpapieranalyse. Überlegenes Wissen für Ihre Anlageentscheidung* von Benjamin Graham und David L. Dodd. Leider war ich der Einzige, der davon überzeugt war, dass ich trotz meines jungen Alters jemanden in Finanzangelegenheiten beraten könnte. Noch heute erinnere ich mich an Aussagen wie »Du bist 19 Jahre alt? Dir glaubt kein Mensch!«. Ironischerweise sind das die gleichen Leute, die mir heute versichern, sie hätten gleich gewusst, dass ich es schaffe.

Aus meiner damaligen Idee ist eine Firma geworden, die seit mittlerweile zehn Jahren besteht. Seinerzeit als Einzelunternehmen gegründet, habe ich sie längst in die concept4future GmbH & Co. KG umgewandelt. Zurückblickend kann ich sagen, dass ich mit der Aufnahme meiner Selbstständigkeit in das größte Abenteuer meines Lebens gestartet bin.

Seitdem habe ich unzählige Höhen und Tiefen des Unternehmerdaseins kennengelernt. Ich habe Beteiligungen an anderen Unternehmen erfolgreich aufgebaut und gewinnbringend verkauft, ich habe aber auch Unternehmen in den Sand gesetzt. Seit 2014 gebe ich mein Wissen an Gründer weiter, die ein Feierabend-Startup aufbauen wollen, und unterstütze diese aktiv. Je tiefer ich mich mit der Materie beschäftigte, umso deutlicher wurde mir, dass viele Gründer mit alten Glaubenssätzen behaftet sind. Ebenso versuchen viele, Standardwissen aus der Uni für die Startup-Praxis zu nutzen.

Zwei Hindernisse kristallisieren sich heraus, die dich vom Erfolg deines Feierabend-Startups abhalten können: Entweder führen die hohen Risiken, die auf deiner Psyche als Gründer lasten, zu Inflexibilität, oder deine Geschäftsidee ist unausgereift. Beide Hindernisse lassen sich durch die nebenberufliche Selbstständigkeit aus meiner Sicht lösen. Punkt eins ist, dass deine Existenz durch den Haupterwerb zu keinem Zeitpunkt gefährdet ist. Allein dadurch kannst du entspannter ans Ziel kommen. Der zweite Punkt ist, dass dich selbst ein unausgereiftes Geschäftsmodell nicht zu Fall bringt. Dein Feierabend-Startup muss nicht beim ersten Mal klappen. Bei hochgezüchteten Startups ist das Ausbleiben kurzfristiger Erfolgs dagegen problematisch. Die Kredite können nicht bedient werden, Investoren schreiben ihre Beteiligung ab, die Gründer können keine Privatentnahmen tätigen. Diese und weitere Kosten bringen ein Startup schnell zu Fall. Wenn deine Idee jedoch nicht funktioniert, kannst du sie weglegen. Mit der Strategie aus unserem Buch hast du maximal ein paar Monate deiner Zeit investiert. Dieser Einsatz ist nicht umsonst, da du garantiert auch im schlechtesten Fall eine Menge gelernt hast. Dieses in der Praxis erworbene Know-how gibt es weder in einer Universität noch in einer Hochschule. Doch was ist das Beste an dieser Schule des Lebens? Du kannst dir deinen Stundenplan samt aller Inhalte selbst kreieren.

Nun heißt es: Vorhang auf und viel Spaß mit dem Buch!

Mit den besten Gründergrüßen
Erik

Geschäftsmodelle entwickeln und die richtige Geschäftsidee finden

Warum dein Feierabend-Startup das letzte legale Abenteuer ist

Lange habe ich unterschätzt, wie wichtig es ist, ein kreatives und innovatives Geschäftskonzept zu entwickeln. Könnte ich die Zeit zurückdrehen, würde ich mich von Anfang an darauf fokussieren. Dein Ziel sollte nicht sein, langfristig IM Unternehmen zu arbeiten, sondern von Anfang an AM Unternehmen zu arbeiten und es zu gestalten. Aus finanziellen Gründen habe ich jahrelang viele Dinge selbst gemacht. Wichtig ist, dass dies nicht deine langfristige Motivation ist. Es ist keineswegs nur etwas für Startups mit Wachstumskapital und dynamischen Teams, ein tragfähiges Geschäftskonzept zu entwickeln. Ganz im Gegenteil: Auch dein Feierabend-Startup benötigt dieses Konzept. Lege deine ganze Priorität darauf, ein solches zu entwickeln. Der Wettbewerb unter den bestehenden Geschäftskonzepten ist immens hoch, was niedrige Gewinne und harte Verteilungskämpfe bedeutet. Meistens überleben Startups oder Neugründungen im Umfeld von etablierten Playern nicht. Deine Nische sollte groß genug sein, um dir ein gutes Wachstum zu ermöglichen, aber gleichzeitig zu klein, um für etablierte Unternehmen am Markt interessant zu sein.

Angenommen, du möchtest damit beginnen, nebenbei Eintrittskarten zu verkaufen. Unter deinen Konkurrenten befinden sich nicht nur lokale Verkaufsgeschäfte, sondern auch etablierte Anbieter wie Eventim oder Eventbrite. Doch wie sieht es aus, wenn du dich ausschließlich auf Tickets für ausgewählte Satire-Veranstaltungen konzentrierst? Mit dieser Spezialisierung hast du die Chance, eine Nische zu besetzen und bei deiner Zielgruppe als Anbieter wahrgenommen zu werden. Deine komplette Kommunikation kennt nur ein Thema: Live-Satire. Da der Markt klein ist, musst du weder von Eventim noch von Eventbrite Konkurrenz befürchten: Der Gewinn reicht nicht aus, um ein großes Unternehmen zu tragen. Du als Feierabend-Startup hingegen könntest von 150.000 Euro Gewinn hervorragend leben.

Es ist eine ausgezeichnete Strategie, wenn du mit einfachen, aber kreativen Geschäftsideen aus einer Nische heraus wächst. Diese Strategie hat auch Peter Thiel, Paypal-Gründer, Erstinvestor bei Facebook und Uber, präferiert. Er beschreibt sie in seinem Buch *Zero to One. Wie Innovation unsere Gesellschaft rettet*: Mache nicht den gleichen Fehler wie ich damals und beginne sofort damit, deine ersten Ideen umzusetzen. Nimm dir lieber die Zeit, dein Geschäftskonzept kritisch zu hinterfragen, mit anderen Menschen darüber zu diskutieren, es immer wieder anzupassen und zu testen. Wenn du dies verinnerlichst, kannst du dir Jahre erfolgloser Arbeit sparen.

Dabei verstehe ich ein Geschäftskonzept als eine bestimmte Abfolge von Prozessen, die es zu gestalten gilt.

Stell dir die Frage, ob du Unternehmer werden möchtest oder ob du schlichtweg selbstständig sein willst. Entscheidest du dich für letzteren Weg, wirst du immer Geld gegen Zeit eintauschen. Nehmen wir klassische Selbstständige wie Rechtsanwälte, Notare und Steuerberater, die bestimmte Stundensätze nehmen. Das Einkommen hört in dem Moment auf zu fließen, in dem diese Menschen krank sind, im Urlaub sind oder schlichtweg keine Lust haben zu arbeiten. Die Selbstständigkeit ist schwer skalierbar, da uns allen nur 24 Stunden pro Tag zur Verfügung stehen und unsere Energiereserven begrenzt sind. Skalieren bedeutet dabei die Produktionsmittel und das Kapital der Nachfrage anpassen zu können. Ist das Geschäftsmodell nicht skalierbar, kann die steigende Nachfrage nicht bedient werden, und der Umsatz geht einem durch die Lappen. Eventuell baut ein Konkurrent eine Organisation auf, die besser skaliert und dich vom Markt verdrängt. Zusätzlich darfst du auch deinen Hauptjob nicht vernachlässigen. Wenn du nun mit deinem begrenzten Zeitbudget versuchst, Geld gegen Zeit zu tauschen, ist es sehr wahrscheinlich, dass du ernüchternde Ergebnisse bekommst. Übrigens geben die meisten Startups auf, weil sich die Verdienstmöglichkeiten als schlechter herausstellen als erwartet. Als Selbstständiger kannst du durch Weiterbildungen und Spezialisierungen mehr Geld verlangen. Dadurch erzielen Notare und Wirtschaftsprüfer teilweise beachtliche Stundensätze. Aber selbst wenn du Notar bist und ein wunderschönes Büro hast, siehst du deine Lebensaufgabe wahrscheinlich nicht darin, jeden Tag da zu sein und Verträge vorzulesen. Davon abgesehen ist die Wahrscheinlichkeit, Notar zu werden, äußerst gering und hängt von vielen nicht beeinflussbaren Faktoren ab.

Was machst du dagegen als Unternehmer? Du tauschst nicht Zeit, sondern dein Know-how gegen Geld ein. Dabei kann dein Wissen verschiedenste Formen annehmen. Im Vordergrund steht, welches Ergebnis du mit deinem Unternehmen erzielst, und nicht, ob du beispielsweise studiert hast oder nicht. Viele erfolgreiche Unternehmer haben ihr Studium entweder abgebrochen oder erst gar keines absolviert. Beispiele sind Steve Jobs, Richard Branson, Henry Ford, Mark Zuckerberg und ich. Es ist kein Bildungsabschluss notwendig, um ein erfolgreiches Unternehmen zu gründen. Der zweite große Vorteil, wenn du dich für das Unternehmertum entscheidest, ist die Skalierbarkeit. Nehmen wir an, du stellst eine Software her oder handelst über einen Onlineshop mit Produkten. Wenn du deine Verkäufe von 100 Produkten auf 1.000 steigerst und deine Prozesse laufen, ist dazu kein neuer Input nötig. Dem Käufer deiner Produkte ist es egal, wo du bist oder was du kannst. Ihm ist wichtig, dass deine Produkte gut funktionieren und halten, was sie versprechen. Das ist deine große Chance, ganz egal, wer du bist und woher du kommst.

SELBSTSTÄNDIGER	UNTERNEHMER
• tauscht Zeit gegen Geld	• tauscht Know-how gegen Geld
• Fortbildung erhöht die Vergütung	• innovative Konzepte
• Studium ist förderlich	• arbeitet AM Unternehmen

»The question I ask myself like almost every day is, 'Am I doing the most important thing I could be doing?' ... Unless I feel like I'm working on the most important problem that I can help with, then I'm not going to feel good about how I'm spending my time.«

Mark Zuckerberg

»Du lernst nicht zu laufen, indem du Regeln folgst. Du lernst es, indem du hinfällst.«

Richard Branson

Ich weiß, wie groß gerade am Anfang die Versuchung ist, Zeit gegen Geld einzutauschen. Kurzfristig ist es einfacher, damit Geld zu verdienen als ein funktionierendes Konzept oder ein Produkt auf den Markt zu bringen, welches langfristige Erträge abwirft. Was ist das Schlimmste, das dir beim Zeit-gegen-Geld-Ansatz passieren kann? Du kannst es mit einem Casinobesuch vergleichen, bei dem du erfolgreich warst und aus deinen 500 Euro Einsatz 1.000 Euro Gewinn gemacht hast. Du denkst, du kannst das Gleiche immer wieder tun. Wenn du mit deiner Selbstständigkeit ein gutes Einkommen erwirtschaftest, bist du schnell in einer Tretmühle gefangen. Es fällt dir schwer loszulassen. Ich kenne Selbstständige, die im Urlaub ihre Mails beantworten oder einen Herzinfarkt bekommen, wenn sie danach ihr Postfach aufmachen. Der nachhaltigere Weg ist es, dir ein Geschäftskonzept mit einem tollen Produkt dahinter zu überlegen. Bei der Entwicklung ist der Weg das Ziel. Ich habe über die Jahre hinweg bei mir selbst entdeckt, wie meine Geschäftskonzepte immer besser wurden. Zum Anfang haben wir den Kunden gar nicht in unsere Überlegungen einbezogen und unser Geschäftskonzept nur für uns in unserem Elfenbeinturm entwickelt. Erst nach kompletter Fertigstellung haben wir dem Kunden das Produkt zur Verfügung gestellt. Ernüchtert mussten wir feststellen, dass wir an viele Dinge nicht gedacht hatten. Hätten wir von Anfang an den Kunden mit einbezogen, wäre uns das nicht passiert. Somit sind große Mengen an Ressourcen verschwendet worden.

Eine kleine Änderung mit großem Unterschied

Was kann ein Geschäftskonzept leisten? Dies wird am Beispiel von Xerox deutlich. Xerox erfand 1959 mit dem Druckermodell 914 das Leasing. Der Drucker war eine Tonne schwer und kostete in der Herstellung 2.000 Dollar, was damals enorm viel Geld war. Der Verkaufspreis lag bei einem Vielfachen davon. Niemand kam auf die Idee, dieses teure Gerät zu kaufen. Xerox änderte das Geschäftsmodell und führte 1959 das Leasing ein, mit einem Einsatz von 95 Dollar im Monat und 2.000 freien Kopien. Von diesem Zeitpunkt an steigerte Xerox seinen Marktanteil auf 97 Prozent und setzte eine Milliarde Dollar um. Die Entscheidung, das Geschäftsmodell auf monatliches Leasing zu ändern und nicht auf den Verkauf der Drucker zu setzen, machte den Erfolg von Xerox aus. Wie du siehst, kann es dasselbe Produkt oder auch dieselbe Dienstleistung sein. Immer ist die Frage nach dem »Wie« entscheidend: Wie baust du dir dein Feierabend-Startup und deine Prozesse auf?

Die wichtigste Frage, die du dir gleich zu Beginn deines Feierabend-Startups stellen solltest, lautet: Welches Problem willst du lösen? Wahrscheinlich hast du bereits mögliche Ansatzpunkte gefunden, Ideen geschmiedet und mit deinen Freunden und Bekannten Brainstorming betrieben. Auf zwei Dinge solltest du achten: Wie wurde das Problem bisher gelöst, und wie viele Menschen sind überhaupt von dem Problem betroffen? Willst du eine Lösung für den Massenmarkt anbieten und richtest dein Geschäftsmodell danach aus, kann Folgendes passieren:

Du entwickelst erfolgreich die Lösung, allerdings stellt sich heraus, dass diese nur wenigen Menschen Nutzen bringt. Das Produkt funktioniert, aber das Geschäftsmodell nicht, weil sich das Angebot nur mit steigendem Verkauf rechnet. Mit der Frage »Wer hat das Problem?« kannst du von vornherein solche Fehler vermeiden und die Nische besser einschätzen.

Ein gutes Beispiel ist die Entwicklung des Laserfernsehens. Eine tolle Idee, die den Heimkinomarkt revolutionieren sollte. Dabei geht es darum, dass das Bild von hinten auf die Rückseite der Leinwand projiziert wird. Somit kann niemand durch das Bild laufen und einen Schatten produzieren. Seit 2009 gibt es auf dem amerikanischen Markt eine Lösung von Mitsubishi, die nie den Massenmarkt erreicht hat, aber von einigen Hardcore-Cineasten gefeiert wurde.

Der Sony Aibo, ein Roboterhund, der seit 2006 im Hunderoboterhimmel weilt, ist auch ein gutes Beispiel für sagenhafte Flops. Der Preis von 2.088 Euro war dann wohl ein wenig hoch, denn der Roboter konnte nicht viel mehr, als ein Stöckchen aufzuheben.

Ein weiteres Beispiel, wie man sich verschätzen kann, wenn man sich nicht fragt, wie das Problem bisher gelöst wurde und ob Kunden bereit sind, auf die neue Lösung zu wechseln, ist eine Erfindung der Bic Group. Die Bic Group ist größter Hersteller von Einwegfeuerzeugen, Kugelschreibern und Einwegrasierern. Die Herren in der Entwicklungsabteilung fanden, ein Einweghöschen sei ein logisches Nachfolgeprodukt, ohne darüber nachzudenken, dass Kunden nicht bereit sind, von der aktuellen einfachen Lösung, nämlich Unterwäsche zu waschen, Abstand zu nehmen.

Das Gleiche gilt für die Wechselbereitschaft der Kunden von einem bekannten, etablierten Anbieter zu einem neuen, unbekannten. Du kannst dies an Apple-Kunden erkennen. Es ist eine enorme Hürde, Apple-Fans zu einem Produktwechsel zu motivieren, da Handy, Computer und Cloud eine gemeinsame Einheit bilden und ein Wechsel für den Kunden sehr anstrengend ist. Hardware, Software und Service bilden ein integriertes System. Versucht man, ein anderes, fremdes Gerät in das System zu integrieren, funktioniert womöglich gar nichts mehr.

Geschäftskonzepte, die du kennen solltest

Das Long-Tail-Geschäftsmodell

Bei einem Long-Tail-Geschäftsmodell wird eine große Anzahl von Nischenprodukten verkauft. Diese sind genauso attraktiv wie Bestseller, sofern große und starke Plattformen vorhanden sind. Beispiele hierfür sind Netflix, Ebay, iTunes oder Amazon. In einem konventionellen Verkaufsgeschäft würde das – anders als im Internet – zu hohen Kosten führen, da Einzelhändler nur eine begrenzte Fläche zur Warenpräsentation zur Verfügung haben und für die sogenannten Ladenhüter enorme Lagergebühren bezahlen müssen. Das genaue Gegenteil ist die Blockbuster-Strategie. Hier suchen sich beispielsweise Verlagshäuser aus mehreren Tausend Titeln die besten aus, um ausgewählte Exemplare zu pushen.

Die Multi-Sided-Plattform

Eine Multi-Sided-Plattform bringt mehrere unterschiedliche, aber voneinander abhängige Kundengruppen zusammen. Entscheidend ist, dass die Plattform nur funktioniert, wenn beide oder mehrere Kundengruppen da sind. Was wäre beispielsweise Facebook ohne werbende Firmen und ohne Nutzer? Ziele der Multi-Sided-Plattform sind die Interaktion der Teilnehmer sowie der Austausch von Informationen. Oftmals ist auch der First-Mover-Effekt enorm wichtig. Der Akteur, der als Erster den Markt betritt, hat einen strategischen Vorteil, der das Wachstum maßgeblich beeinflussen und beschleunigen kann. Der Second Mover hat es deutlich schwerer.

Oft wird vom sogenannten Netzwerkeffekt gesprochen. Da es nur eine Kundengruppe gibt, ist es schwierig, diese von der bestehenden Plattform wegzulocken. Oft ist der Netzwerkeffekt auch so zu verstehen, dass bei den Usern eine kritische Masse erreicht werden muss, damit das Geschäftsmodell funktioniert.

Wie ist es bei Zeitungen? Für vergleichsweise wenig Geld bekommt der Leser Informationen. Allerdings verdient der Verlag durch die Schaltung von Werbeanzeigen auf dem zweiten Weg Geld. Es kann Sinn machen, eine Kundengruppe zu rabattieren, damit diese stärker angelockt wird und größere Netzwerkeffekte erzielt werden können. Das sogenannte Free-Modell stellt die Dienstleistung für die Kundengruppe sogar kostenlos zur Verfügung. Dies ist bei Facebook der Fall. Die Nutzung ist kostenlos, die Firma generiert aber mit Werbeanzeigen Geld. Umso mehr Nutzer Facebook hat, umso höher ist die Reichweite, und desto höher ist der Umsatz.

Die bekannteste und erfolgreichste Multi-Sided-Plattform ist Google. Die Suchanzeigen sind kostenlos, aber das Unternehmen verdient mit der Einblendung von Werbung Geld. Durch das gezielte Wertangebot werden beide Kundengruppen angelockt. Dem Privatkunden ermöglicht Google die gezielte Internetsuche mit Keywords, dem Geschäftskunden wiederum gibt das Unternehmen die Möglichkeit, mit seiner platzierten Werbung Verkäufe zu generieren.

Ich rate dir davon ab, für dein Feierabend-Startup selbst eine Plattform zu programmieren. Sofern du es dir nicht leisten kannst, die Software als Komponente auszulagern, lässt du es lieber bleiben. Häufig wird der Aufwand, eine funktionierende Plattform zu erstellen, nämlich enorm unterschätzt.

Das Freemium-Modell

Bei einem Freemium-Modell wird eine kostenlose Basisdienstleistung bereitgestellt. Oftmals musst du dir erst einen riesigen Kundenstamm aufbauen, damit sich dein Geschäftsmodell rentiert. Warum ist das so? Meistens konsumieren weniger als zehn Prozent deiner Kunden deine kostenpflichtige Premium-Dienstleistung. Das bedeutet im Umkehrschluss, dass dieser geringe Anteil dein komplettes Konzept finanzieren muss! Du musst den Kundenkontakt und die Dienstleistung automatisiert zur Verfügung stellen, damit keine großen Kosten entstehen.

Kartik Hosanagar, Professor der Wharton School of the University of Pennsylvania, sagt: »Die Nachfrage, die man bei einem Preis von null erhält, ist um ein Vielfaches höher als die Nachfrage bei einem sehr niedrigen Preis.« Bitte behalte diese Worte im Kopf, falls du dieses Geschäftsmodell anstrebst.

Ein berühmtes Beispiel für ein funktionierendes Freemium-Modell ist Skype. Es wurde 2012 von Microsoft für 8,5 Milliarden Dollar aufgekauft. Skype hat mit weniger als zehn Prozent seiner Kunden einen Umsatz von 400 Millionen Dollar gemacht. Alle anderen bezahlten gar nichts. Auch Anbieter von Browsergames verfolgen das Freemium-Modell. Dieses heißt im Fachjargon »pay-to-win«. Meistens verdient das Unternehmen dadurch Geld, dass die Kunden Specials wie besondere Ausrüstung oder Zeitersparnis dazu buchen können, um schneller ans Ziel kommen.

Das Köder-Haken-Modell

Voraussetzung hierfür ist eine starke Marke, da der Fokus auf den Vertrieb von Folgeprodukten gelegt wird. Billige oder kostenlose Köder locken den Kunden an. Ein Klassiker sind verschiedene Druckermodelle für zu Hause, die meistens extrem günstig und nur geringfügig teurer sind als dessen Patronen. Aber mit dem Kauf des Druckers ist der Kunde an das Unternehmen gebunden. Er hat keine andere Wahl, als die Patronen des Druckerherstellers oder dessen Lizenznehmers zu kaufen. Deswegen kann hier ein stark rabattiertes Gerät herausgegeben werden.

Auch Unternehmen wie Nespresso sind mit dieser Strategie erfolgreich geworden. Nur wenige hätten eine Kaffeemaschine für mehrere Tausend Euro gekauft. Verbraucher kaufen lieber eine günstige Maschine und geben stattdessen mehr Geld für die Kaffeekapseln aus. Meistens rechnet sich ein Konsument nicht aus, was ihn der Verbrauch langfristig kostet. Nespresso ist ein gutes Beispiel dafür, wie entscheidend ein Geschäftsmodell sein kann.

Allerdings bin ich dafür, den Konsumenten immer als Freund und nicht nur als Kunden zu betrachten. Einen Freund würde ich niemals hinters Licht führen oder ausnutzen. Mir ist es wichtig, bei meinen Geschäftskonzepten fair zu bleiben. Ein weiteres gutes Beispiel ist Ikea. Ikea bietet große Einrichtungsgegenstände zu günstigen Preise an und hat hohe Margen auf kleine Gegenstände wie zum Beispiel Dekoartikel. Diese befinden sich meistens auf den letzten 20 Metern vor der Kasse.

Killing the middleman – nimm aus der Kette etwas heraus

Oft werden Produkte durch lange Produktionsketten sehr teuer. Vergleiche doch einmal den Herstellerpreis von einem Kilo Kaffee mit dem Ladenpreis. Die enorme Differenz liegt an den langen Ketten aus verschiedenen Zwischenhändlern. Der Kaffee wird geerntet und zu einem Sammellager geschickt. Von da aus geht die Reise zum Exporteur, danach zum Importeur, weiter zum Großhändler und von dort in den Einzelhandel. Das zweite große Problem sind die Verpackungsgrößen. Würde man größere Verpackungseinheiten nehmen und das Marketing weglassen, wären die Produkte erheblich günstiger. Dass dieses Konzept funktioniert, hat Dr. Günter Faltin bewiesen. Er hat die hochwertigste Teesorte Darjeeling direkt vom Hersteller importiert und ausschließlich über das Internet in Ein-Kilo-Packungen verkauft. So wurde die Teekampagne Weltmarktführer für den Verkauf von Darjeeling.

Verlängerung von Produkten – füge der Kette etwas hinzu

Du kannst Produkte und Geschäftskonzepte verlängern. Eine klassische Verlängerung eines Produkts ist das Designen von T-Shirts. Auf den T-Shirts sind dann individuelle Designs oder Sprüche abgedruckt. Meistens handelt es sich in diesem Bereich um Luxusgüter, für die die Kunden tiefer in die Tasche greifen müssen. Nehmen wir ein großes Luxus-Hotel. Gäste, die mit ihren Hunden anreisen, wollen diese betreut haben, wenn sie mal alleine losziehen wollen. Ein Dienstleister könnte sich also dafür entscheiden, diesen Service für die umliegenden Hotels anzubieten und mit den Hunden Gassi gehen.

Was möchtest du werden?

Hersteller

Hier sind smarte Prozesse notwendig, um gerade am Anfang mit wenig finanziellem Einsatz gute Produkte zu erstellen. Welche Möglichkeiten hast du? Finde einen Kooperationspartner mit einer Firma, in dessen Produktion du dir einen Prototypen bauen kannst. Miete dich in einem sogenannten Makerspace ein, um dir den Aufbau einer kostspieligen Fabrik zu sparen. Ein Makerspace ist eine Werkstatt, in die du dich kurzeitig zum Tüfteln einmieten kannst. Du möchtest ein neues Brot entwickeln? Warum fragst du nicht einen Bäcker, der seine Produktionsstätte nur nachts bis in die frühen Morgenstunden nutzt? Weitere mögliche Produkte können Hardware oder andere technische Geräte sein.

Händler

Als Händler musst du kein Produkt herstellen, sondern es von irgendwo her günstig beziehen und deine Zielgruppe erreichen. Die Vertriebsmonopole des Einzelhandels sind aufgebrochen. Heute kann jeder über Amazon, eBay und Alibaba Produkte verkaufen. Viele Hersteller bieten sogar White-Label-Produkte an. Darauf kannst du dir kostengünstig deinen Namen, dein Logo oder ein anderes beliebiges Design drucken lassen. Ein gutes Beispiel ist Spreadshirt. Dort kannst du dein eigenes Design auf die Produkte drucken lassen und diese auf deiner Website einbinden. Den Rest übernimmt Spreadshirt für dich. Darf ich vorstellen: Amazon FBA. FBA steht für Fulfillment by Amazon. Fulfillment ist ein Service von der Anlieferung der Ware, Lagerung, Neu- und Umverpackung bis hin zum Versand. In dem Fall übernimmt Amazon den gesamten Prozess für dich und deinen Feierabend-Startup. Es gibt auch andere Fulfillment-Anbieter. Gib einfach bei Google »Fulfillment« ein.

Experte

Wie baust du dir einen Expertenstatus auf? Diese wichtige Frage beantworte ich im Bereich Marketing. Bei diesem Ziel ist es besonders wichtig, dass du in skalierbare Produkte investierst. Der Unterschied zwischen Speaker und Trainer macht es deutlich: Der Trainer oder Coach muss immer wieder Mandate annehmen und arbeitet für fremde Personen Aufträge ab. Der Speaker hingegen arbeitet an seinen Büchern, E-Books und spricht vor großem Publikum. Er skaliert über die Menge der Teilnehmer. Dabei verdient er in 45 Minuten meist mehr als ein Coach in mehreren Trainings.

Muss ich das Rad neu erfinden?

Übertragen von Ideen

Du kannst bereits vorhandene, erfolgreiche Ideen auf neue Felder übertragen. Diese Methode wird mit großem Abstand am häufigsten angewendet. Die Übertragung auf andere Branchen kann durchaus sinnvoll sein. Beispielsweise ist Airbnb in der Bereitstellung von Wohnraum, der nicht genutzt wurde, Vorreiter gewesen. Dieses Erfolgsbeispiel konnte Uber nutzen, um einen privaten Taxifahrdienst anzubieten. Fast alle haben ein Auto und somit die Möglichkeit, jemanden zu transportieren. Diese Lösung ist wesentlich kostengünstiger als ein normales Taxi. Denn bei Uber kannst du wählen, ob du ein einzelnes »Taxi« möchtest, oder ob du dir die Kosten mit Menschen teilst, die in die gleiche Richtung möchten. Dabei berechnet ein Algorithmus die optimale Route. Leider hält die Taxilobby in Europa bisher den Fortschritt von Uber auf und verhindert so, dass Menschen günstiger an ihr Ziel kommen. Halte stets Ausschau nach interessanten und guten Geschäftskonzepten. Mir hat es das Geschäftskonzept von Dr. Günter Faltin angetan, und ich habe seine Idee auf einen anderen Bereich übertragen. Wie ich das gemacht habe, verrate ich dir später.

Kreieren

Das ist mit Abstand die höchste und bei weitem seltenste Disziplin, da sie die größte Unbekannte und somit das höchste Risiko birgt. Hier geht es darum, ein komplett neues Konzept zu erschaffen und sich neue Märkte zu erschließen. Ein gutes Beispiel ist Sharing Economy. Bei diesem Konzept sinken durch die mehrfache und intelligente Nutzung die Kosten. Durch das Smartphone und die Entwicklung starker Marktplätze ist dieses Geschäftsmodell neu entstanden. Erfolgreiche Unternehmen, die diesen Markt entwickeln, sind Mitfahrgelegenheit, DriveNow, CartoGo oder Uber. Diese Unternehmen haben den First-Mover-Effekt auf ihrer Seite. Der First-Mover-Effekt ist der Vorteil, den ein Unternehmen hat, wenn es als Erstes den Markt betritt. Das Unternehmen hat in diesem Moment keine Konkurrenz, allerdings auch keine Erfahrung. Durch die fehlende Erfahrung können die Irrtümer und Fehlentwicklungskosten sehr hoch sein. Die Medaille hat immer zwei Seiten.

Wiederholen

In diesem Fall bist du Imitator. Dies ist für Gründer, die ein neues Geschäftskonzept kreiert haben, sehr lästig. Zwar fehlt dir dadurch der First-Mover-Effekt, du musst allerdings auch nicht alle Fehler selbst machen und siehst, was sich im Markt bereits bewährt hat. Pioniere auf diesem Gebiet waren die Samwer-Brüder, die Rocket Internet, Zalando, Hello Fresh und viele weitere Firmen gegründet haben. Am Anfang importierten sie erfolgreiche Geschäftskonzepte aus Amerika und zogen das gleiche Modell unter anderem Namen in Deutschland auf. 1999 gründeten sie den Ebay-Klon Alando. Im März 1999 ging das Unternehmen an den Markt und wurde im Mai für 43 Millionen Dollar an Ebay verkauft. Weitere Gründer von Alando waren Max Finger, Karel Dörner und Jörg Rheinboldt. Ich bezweifle allerdings, dass das Kopieren von Geschäftsideen noch immer aussichtsreich ist. Auch die Samwer-Brüder haben ihre Strategie geändert, und die Erstellung einer Copy Cat, wie dieses Verfahren im Fachjargon genannt wird, steht nicht länger im Mittelpunkt.

Kombinieren

Du kannst auch verschiedene Geschäftskonzepte kombinieren. Beispielsweise bieten in Hamburg viele kleine Boutiquen zusätzlich Kaffee, Kuchen und andere Leckereien an. Ein Geschäft zieht für das andere Kunden mit an, und man kann sich Miet- und Nebenkosten teilen.

Wie du siehst, gibt es eine Menge unterschiedlicher Ansätze für Geschäftsmodelle. Es gibt nicht »DAS Geschäftsmodell«. Vielmehr sollen dir diese verschiedenen Strategien als Anregung dienen.

Wenn du tiefer in das Thema »Geschäftskonzepte entwickeln« einsteigen willst oder ergänzende Literatur suchst, kann ich dir das Buch *Business Model Generation. Ein Handbuch für Visionäre, Spielveränderer und von Herausforderer* von Alexander Osterwalder und Yves Pigneur empfehlen.

Brauchst du einen Businessplan?

Oft ist der erste Rat, den du als Gründer deines Feierabend-Startups bekommst, die Erstellung eines Businessplans. Dieser ist jedoch in erster Linie nicht für dich wichtig, sondern für andere. So fragen beispielsweise Banken und Investoren nach diesem Dokument, um einschätzen zu können, ob sich eine Beteiligung oder Finanzierung deines Unternehmens rechnet. Große Beteiligungsgesellschaften verlangen meist nur ein sogenanntes Pitch Deck. Darunter versteht man die Darstellung der wichtigsten Kernpunkte auf einigen Folien. Ob du wirklich eine Bankfinanzierung in Anspruch nehmen solltest, werde ich später erläutern. Als damals ein Businessplan von mir gefordert wurde, bin ich in eine riesige Falle getappt. Ich habe mir bei der IHK eine Vorlage heruntergeladen, mir in mühsamer Arbeit überzeugende Texte ausgedacht und stundenlang an astronomischen Zahlen gefeilt. Doch was ist das größte Problem beim Gründen? Beim Gründen wird ein explorativer Ansatz verfolgt. Die Wahrscheinlichkeit, dass deine Annahmen eintreten, ist sehr gering. Natürlich kann es motivierend sein, wenn du dir in deinem Businessplan das Ziel setzt, nach zwölf Monaten den Break-even-Punkt zu erreichen. Doch ist das realistisch? Es ist wichtig, deine Kosten zu kennen und dich mit deinem Konzept, Produkt und zukünftigen Kunden auseinanderzusetzen. Ich halte es jedoch für Zeitverschwendung, zu früh einen Businessplan zu schreiben. Aus eigener Erfahrung kann ich dir sagen, dass sich dein Konzept in den ersten Monaten immer wieder ändern wird und es nicht nur einmal vorkommen wird, dass du alle Pläne über den Haufen wirfst. Sobald die wichtigsten Zahlen, deine Zielgruppe und dein Geschäftskonzept feststehen, lohnt es sich, Zeit in die Erstellung eines realistischen Businessplans zu investieren.

Interview mit Dr. Günter Faltin

Nachfolgend habe ich Herrn Dr. Günter Faltin, der mit dem Buch Kopf schlägt Kapital *einen Bestseller verfasst hat (in acht Sprachen übersetzt), exklusiv für das Feierabend-Startup interviewt. In seinem neuen Buch* Wir sind das Kapital *zeigt er Wege zu einer intelligenteren Ökonomie auf. Heute begleitet er als Business Angel zahlreiche Unternehmen. Ein Business Angel unterscheidet sich von einem Investor und Berater, indem er beides anbietet: Geld und Know-how. Dr. Günter Faltin hat den Arbeitsbereich Entrepreneurship an der FU Berlin aufgebaut. Er lebt und arbeitet in Berlin und Chiang Mai.*

Herr Faltin, was verstehen Sie unter Entrepreneurial Design?

Ich verstehe darunter ein gewissenhaft durchdachtes und ausgearbeitetes Gründungskonzept. Gutes Entrepreneurial Design ist ein Gesamtkunstwerk, das durch systematische Arbeit erschaffen wird. Es kommt sehr selten vor, dass die Genialität von jemandem Besitz ergreift. Wenn Sie darauf warten, können Sie damit viel Zeit verlieren. Ich empfehle Ihnen, lieber methodisch vorzugehen, als auf große Einfälle zu warten. Ein erfolgreiches Unternehmen zu gründen ist eine komplexe Aufgabe. Es geht dabei zunächst um Sie als Persönlichkeit. Sie wollen Ihr ganzes Potenzial zum Leben erwecken. Gleichzeitig geht es aber auch darum, intelligente Lösungen zu suchen. Ihr Produkt soll ja auch sozial und ökologisch vertretbar sein. Und natürlich sollten Sie gut davon leben können. Ein Entrepreneurial Design, das diesen Namen verdient, entsteht nicht über Nacht. Je mehr Fantasie Sie haben, je offener Sie sind und je systematischer Sie vorgehen, desto leichter wird es Ihnen fallen, neue Einflüsse aufzunehmen und dadurch inspiriert zu werden.

Ist der Weg zu genialen Einfällen geradlinig?

Nein. Rechnen Sie mit Schleifen und regelmäßigem Vor- und Zurückspringen. Konzeptkreatives Denken setzt voraus, dass Sie konventionelle Bahnen verlassen und neue, unkonventionelle Wege und Ideen finden. Sie müssen lernen, aus einer Vielzahl an Möglichkeiten die richtige Auswahl zu treffen, fokussiert zu sein und vieles wieder und wieder zu verwerfen. Was sicher ist: Der lange und oftmals auch beschwerliche Weg, bis Sie ein ausgereiftes Konzept haben, lohnt sich. Erkennen Sie den Wert Ihres Entrepreneurial Designs, noch bevor Sie damit Gewinne machen. Sobald Sie ein stimmiges Konzept vorweisen können, haben Sie einen Wert geschaffen. Dieser wächst, je mehr Kunden Sie vorweisen können. Die Kunden sind Ihr Proof of Concept. Die meisten sparen ein Leben lang, ohne auch nur entfernt Reichtum anzuhäufen. Mit einem wirklich guten Entrepreneurial Design ist es durchaus realistisch, vermögend zu werden. Warren Buffett hat gesagt: »You only have to get rich once.« Vergessen Sie das bei Durststrecken nicht.

Sie sprechen im Zusammenhang mit Entrepreneurial Design vom methodischen Prozess. Was meinen Sie damit?

Neben den technologieorientierten Gründungen gibt es auch die Gattung der konzeptkreativen Gründungen. Ikea, Aldi, aber auch Facebook und Airbnb sind Beispiele dafür. Konzeptkreatives Vorgehen kann man methodisch unterstützen. Für die Ausarbeitung eines solchen Konzepts habe ich spezielle Methoden und Techniken des Idea Developments und Idea Refinements entwickelt. »Methodos« kommt aus dem Griechischen und bedeutet »der Weg«. Wenn ich den Begriff Methode verwende, geht es immer um Ihren Weg, sich ein Entrepreneurial Design zu erarbeiten, das sowohl etwas mit Ihnen als Person, aber auch mit anderen Menschen zu tun hat und im Markt Resonanz erzeugt. Dabei geht es um den Prozess, mit dem Sie herausfinden, wie Sie Ihre eigenen Talente, Ideen, Wünsche und Voraussetzungen mit den Bedürfnissen und Wünschen anderer Menschen bestmöglich in Deckung bringen. Das bedeutet, Ihr Konzept muss stimmig zur Person sein, aber natürlich auch stimmig zum Markt.

Sie sagen, das Konzept muss stimmig zur Person sein. Was meinen Sie damit?

Nur, wenn das Entrepreneurial Design stimmig zu Ihrer Person ist, werden Sie die nötige Energie, Leidenschaft und Ausdauer haben, die der lange Weg vom ersten Einfall zum ausgereiften Konzept, zur erfolgreichen Markteinführung und schließlich zum Aufbau und Wachstum eines erfolgreichen Unternehmens erfordert. Aus diesem Grund bedaure ich die Gründer, die mehr Zeit mit der Vorbereitung von Finanzierungsrunden verbringen als mit der Arbeit am Entrepreneurial Design. Konfuzius hat einst gesagt: »Wenn du dir das zur Aufgabe machst, was dir Spaß macht, brauchst du dein Leben lang nicht zu arbeiten.«

Genauso, wie Sie sich Ihren Partner oder Ihre Wohnung Ihren Bedürfnissen entsprechend aussuchen, sollten Sie versuchen, Ihr ureigenes Entrepreneurial Design zu formen, das Ihre individuelle Persönlichkeit widerspiegelt. Vergleichen Sie es mit dem Sport: Selbstverständlich üben Sie eine Sportart aus, die zu Ihrem Körper passt und in der Sie gut sind. Der Wettbewerb setzt die Maßstäbe. Wer Spitzensportler werden möchte, muss hohe Qualitätsmaßstäbe erfüllen. Beim Entrepreneurship ist es nicht anders. Der Wettbewerb im Markt entscheidet, welchen Maßstäben Sie mit Ihrem Feierabend-Startup genügen.

Wie wichtig ist es, dass das Konzept auch zum Markt stimmig ist?

Natürlich ist das wichtig; es birgt aber die Gefahr, dass Sie nur vom Markt her denken. Dann sind Sie ähnlich fremdbestimmt wie ein Angestellter. Denken Sie wiederum nur von Ihrer Person aus, besteht die Gefahr eines erfolglosen Künstlerdaseins. Ihre Kunden sind das Lebenselixier, da deren Geld Ihren Erfolg ausmacht. Für mich ist der Kunde nicht der König, sondern eher der Wähler. Sie müssen ihn überzeugen, aus der Vielfalt des Marktes genau Ihr Produkt oder Ihre Dienstleistung zu wählen.

Was meinen Sie mit dem Begriff IHG?

Ich meine damit: »Irgendetwas, Hauptsache Gewinn«. Wem der Inhalt egal ist, Hauptsache, es springt viel Gewinn dabei heraus, wird auf Dauer nicht weit damit kommen. Eine Ökonomie, die ihre Seele verloren hat, ist ein unsympathisches Wesen. Für mich liegt das Geheimnis des Erfolgs darin, dass Sie sich für ein Anliegen einsetzen, das stimmig zu Ihren Werten und den Wünschen Ihrer sozialen Umgebung ist. Es ist glaubwürdiger, wenn Sie für ein Anliegen eintreten, als wenn Sie nur für sich selbst Gewinn machen wollen. Im Vordergrund sollte der Gedanke stehen, ob Ihre Idee Sinn macht und zumindest das Leben einzelner Menschen verbessert. Erst danach sollte der monetäre Aspekt folgen. Wer möchte gerne für ein Unternehmen, das IHG lebt, arbeiten? Werden die Kunden dem Unternehmen treu bleiben? Wird es seine Mitarbeiter motivieren können?

Was genau verstehen Sie darunter, ökonomisch, ökologisch und sozial zu denken?

Wir sind alle angehalten, sparsam mit Mitteln umzugehen. Das hat viel mit ökologischem Denken zu tun. Wenn Produkte wenig kosten, weil sinnvolle Einsparungen dahinterstehen, finde ich das ökonomisch und ökologisch sinnvoll. Wenn diese Einsparungen aber auf Kosten anderer gehen, bin ich dagegen. Wir alle sollten unseren Kopf einsetzen, um intelligenter zu wirtschaften. Wenn wir Unnötiges einsparen, anstatt Kosten zu verlagern, sind wir auf dem richtigen Weg. Unter ökologischen Gesichtspunkten verstehe ich auch, dass Sie sich Gedanken machen, wo Sie unnötige Transportwege, Zwischenverpackungen oder Lagerhaltung einsparen können. Handeln Sie verantwortlich gegenüber Ihren Kunden, Erzeugern und der Umwelt. Ethic pays – heutzutage jedenfalls. Früher mag das anders gewesen sein.

Was verstehen Sie unter gelungenem Entrepreneurship?

Gelungenes Entrepreneurship denkt in Win-win-Situationen. Sie als Gründer sollen profitieren, weil Sie das unternehmerische Risiko tragen, die Nutzer sollen profitieren, aber auch die Erzeuger, also diejenigen, die Ihre Produkte herstellen, sofern Sie dies nicht selbst tun. Ihr Konzept wird umso stabiler, je mehr Vorteile es für alle Beteiligten schafft.

Herr Faltin, wie schafft man es als Gründer, Aufmerksamkeit zu bekommen?

Es gilt als mutig und vorbildlich, eine Gründung zu wagen. Aus diesem Grund berichten Medien in der Regel positiv über die Person des Gründers. Wenn Ihr Konzept dann noch sympathisch ist, steigern Sie zusätzlich Ihre medialen Chancen. Es sollte Ihr Anliegen sein, bekannt zu sein und von möglichst vielen Menschen genannt und empfohlen zu werden. Ein wichtiger Punkt dabei: Es hat einen hohen Unterhaltungswert, wenn Sie anders denken und anders handeln als Ihre Konkurrenz. Spielen Sie

Ihren Neuigkeitswert aus, um in den redaktionellen Teil der Medien zu kommen.

Was verstehen Sie unter Economics of Attention?

Planen Sie bewusst den Faktor »Aufmerksamkeit generieren« in Ihr Konzept mit ein. Trauen Sie sich, anders zu sein und bieten Sie intelligentere Lösungen an. Nutzen Sie diese Vorteile für sich und setzen Sie sich in Szene. Sehen Sie es als Alarmzeichen, wenn Sie als Gründer in konventionelle Werbung einsteigen müssen. Höchstwahrscheinlich haben Sie dann die Chancen, die Ihnen der Start in Ihr Startup bietet, nicht richtig genutzt.

Sie verwenden auch den Begriff »Economies of Authenticity«. Bitte erläutern Sie diesen kurz.

Die meisten Menschen wollen authentisch sein und sich nicht verbiegen lassen, sondern so leben, wie es ihnen wichtig ist. Setzen Sie diese Eigenschaft als Gründer bewusst ein, statt sich an die vermeintlichen Normen von Marketing anzupassen. Authentizität wird zunehmend zum wirtschaftlichen Faktor. Wenn Sie glaubwürdig und mit innerer Überzeugung für eine Sache einstehen, werden es die Menschen spüren.

Warum verstehen Sie die Arbeit am Entrepreneurial Design als künstlerischen Prozess?

Es gibt viele Methoden und Ratgeber, wie man am besten ein Unternehmen gründet. Diese sind geprägt von formalen Abläufen, von Kapital und Kernkompetenzen. Ich hingegen verstehe unter Entrepreneurial Design die Suche nach einem in mehreren Dimensionen tragfähigen Konzept. Heute sind Gründungen von der Kreativität und den Ideen ihrer Gründer geprägt. Daher wird der Entrepreneur dem Künstler ähnlicher als dem Manager. Das Leben eines Künstlers als Modell für einen kreativen Lebensentwurf und Entrepreneurship als Selbstbestimmung, als künstlerische Tätigkeit des Neuentwurfs, des Überwindens von Konventionen, als kreative Zerstörung – hier liegen viele Berührungspunkte.

Von Ihnen stammt die Aussage: »Es gibt im Leben nicht nur die eine.« Was meinen Sie damit?

Machen Sie nicht den Fehler, an nur einer einzigen Ausgangsidee zu arbeiten. Besser ist es, wenn Sie fünf bis zehn Ideen gleichzeitig voranbringen. So laufen Sie nicht Gefahr, sich in eine Ihrer Ideen zu verlieben. Stattdessen bekommen Sie mehr Übung und werden irgendwann feststellen, dass es Ihnen Spaß macht, an Neuem zu tüfteln und mit Ihren verschiedenen Ideen Zeit zu verbringen. Irgendwann kristallisiert sich dann die Idee heraus, aus der Ihr Gründungskonzept entsteht.

Warum ist es so wichtig, beim Gründen systematisch vorzugehen?

Nur durch ständiges Entwerfen, Probieren, Prüfen, Verwerfen, Neuentwerfen usw. werden Sie letztendlich zu einem ausgereiften Entrepreneurial Design kommen. Ich nenne dies systematische Feedbackschleifen. Es geht darum, im Grunde alles, was Sie vorfinden, bis zum Beweis des Gegenteils als Konvention anzusehen. Fragen Sie sich immer wieder, ob das, was gestern noch vernünftig erschien, heute nicht einfacher, origineller oder mit moderneren Mitteln umgesetzt werden kann. Stellen Sie lieber radikal den ganzen Prozess infrage, als lediglich nach kleinen Verbesserungen zu suchen. Legen Sie immer wieder neue Sichtachsen. Darunter verstehe ich, die Perspektive zu wechseln. Nur mit Abstand kann man Gegenstände richtig erkennen. Und haben Sie den Mut, Dinge wegzulassen. Wenn Sie das Weglassen positiv und nicht als Verlust erleben, werden Sie in der Reduktion die hohe Kunst der Vollendung erleben.

Was genau bedeutet für Sie der Begriff Ambiguität?

Machen Sie sich bewusst, dass Sie mit einem Entrepreneurial Design Neuland betreten. Es gibt weder Richtig noch Falsch, auch keine einfachen Lösungen oder solche, bei denen man sich auf Erfahrungen berufen kann. Sie setzen sich extremer Unsicherheit aus, und es wäre ein Leichtes, einfach aufzugeben. Mit der Ambiguität leben heißt, mit Ihren Ängsten umzugehen und Ihre Unsicherheit auszuhalten. Am besten schaffen Sie das, indem Sie weiter am Entrepreneurial Design tüfteln. Verwerfen Sie, entwerfen Sie, erleben Sie Durchbrüche und Tiefschläge, schieben Sie Teile Ihres Konzepts solange hin und her, bis es überzeugende Konturen annimmt. Tauschen Sie sich mit Sparringspartnern aus und diskutieren Sie, finden Sie neue Sichtachsen, legen Sie Denkpausen ein, holen Sie sich weitere Informationen und überdenken Sie Ihr Konzept immer wieder neu. Wenn sich keine überzeugende Lösung abzeichnet, gehen Sie den Zyklus nochmal durch. Nicht zehnmal, sondern 50- oder 100-mal! Ich halte überhaupt nichts davon, wenn Menschen Gründern raten, nicht zu lange zu zögern, sondern sich direkt in die Praxis zu begeben.

Die Wahrscheinlichkeit des Scheiterns liegt bei 80 Prozent. Würden Sie einen Nichtschwimmer dazu auffordern, in den See zu springen?

Paul Matussek beschreibt in seinem Buch *Kreativität als Chance. Der schöpferische Mensch in psychodynamischer Hinsicht* die Ambiguitätstoleranz als eine besonders anspruchsvolle Eigenschaft. Es sei die Fähigkeit, in einer spannungsvollen, unübersichtlichen, von vielen Kräften bewegten Situation auszuhalten und unbeirrt das Ziel im Auge zu behalten. Die meisten Menschen ertrügen die aus der Ungelöstheit einer solchen Situation entstehenden Spannungen nicht oder nur für kurze Zeit. Sie versuchen, den Druck loszuwerden. Dagegen, so Matussek, entstünden Lösungen eher von unerwarteter, nicht vorhersehbarer Seite, wenn man dem Druck standhält. Lernen Sie, in der Schwebe der Ungewissheit arbeiten zu können. Experimentieren Sie und finden Sie neue Pfade, anstatt auf ausgetretenen Pfaden zu laufen, auch wenn dies zwangsläufig Unsicherheit und uneindeutige Situationen mit sich bringt. Konventionen und Gewohnheiten geben uns Halt und Sicherheit, und ihnen zu folgen, ist der einfachere Weg. Wenn Sie aber die Versuchung spüren, einen anderen Blick auf die Welt zu werfen, dann tun Sie es!

Ihr Ansatz, in Komponenten zu denken, klingt sehr spannend. Können Sie mir darüber mehr erzählen?

Es ist unmöglich, alles, was heute in einem Unternehmen gebraucht wird, zu beherrschen, seien es Rechnungswesen, Arbeits- und Vertragsrecht, steuerliche Aspekte, Materialwissen oder technologische Entwicklungen – die Liste ließe sich beliebig verlängern. Selbst wenn Sie sich all dieses Wissen oberflächlich aneignen wollten, wäre es zu viel.

Wir leben jedoch in einer hoch arbeitsteiligen Gesellschaft. Wir sind so spezialisiert, dass wir die meisten Geräte, die wir bedienen, nicht wirklich kennen, geschweige denn, diese reparieren können. Beim Entrepreneurship ist das nicht anders. Es ist schon alles vorhanden: Infrastruktur, Zulieferer und Vorprodukte. Unsere Welt hat viel von dem, was man »embedded knowledge« nennt. Wir bauen auf die Arbeit von Generationen von Erfindern, Unternehmern, Ingenieuren und Designern auf. Machen Sie sich bewusst, dass Ihnen die Professionalität spezialisierter Dienstleister zur Verfügung steht, die Sie nutzen können, damit Sie sich auf die Koordination und die Kombination der Komponenten beschränken können. Die Vorstellung, alles und jedes wie früher für sein Unternehmen selbst aufbauen zu müssen, ist veraltet. Die Möglichkeiten der Arbeitsteilung werden für den Erfolg einer Gründung völlig unterschätzt. Natürlich wäre es wünschenswert, so viele Kenntnisse wie möglich zu besitzen. Leider funktioniert das in der Praxis nicht. Die einzelnen Wissensgebiete sind viel zu umfangreich geworden.

Gerade das Ausmaß der zum Einsatz kommenden Arbeitsteilung ist es, das Ihre Produktivität und Ihren Erfolg als Gründer erhöht.

Welche Vorteile hat das Gründen in Komponenten?

Mittels Komponenten verringern sich die Gründungsrisiken wesentlich, denn der Gründer greift mit ihnen auf etablierte, routinierte Einheiten zu, die bereits mit großen, effizienten Betriebsgrößen und hoher Professionalität arbeiten. Auch profitiert er von deren Wissen. Das eigene Unternehmen kann wachsen, aber der vom Gründer selbst betriebene Kern bleibt klein – und damit überschaubar und zu bewältigen: groß werden und dabei klein bleiben. Darüber hinaus hat dies für den Gründer den wesentlichen Vorteil, dass er sich auf das Entrepreneurial Design und seine Weiterentwicklung konzentrieren kann, statt sich im Tagesgeschäft der Unternehmensverwaltung aufzureiben. Das Einsetzen von Komponenten – man könnte sie auch eingekaufte Leistungspakete nennen – verändert das Problem der »Umsetzung« des Geschäftskonzepts radikal. Und zwar quantitativ wie qualitativ. In den Komponenten ist die Umsetzung professionell delegiert. »Umsetzung« reduziert sich auf die Kombination von Komponenten. Dies erhöht die (bisher geringen) Überlebenswahrscheinlichkeiten von Neugründungen ganz erheblich.

Statt zum überarbeiteten Selbstständigen zu werden, ermöglicht es dem Gründer, in Konkurrenz zu treten mit seinen markterfahrenen Mitanbietern. Es sind fast keine Investitionen erforderlich; damit entfällt die aufwendige Suche nach Kapitalgebern. Der Gründer arbeitet hochprofessionell – und das von Anbeginn an. Variable Kosten treten im Grundsatz nur auf, wenn auch wirklich Bestellungen eingehen. Finanzierungsaufwand und Risiken reduzieren sich für den Gründer ganz erheblich. Im Vergleich zu den konventionellen Formen können Gründungen rascher, einfacher und professioneller (also mit besserer Qualität) erfolgen. Auf der Homepage www.komponentenportal.de finden Sie viele Komponenten beschrieben und angeboten.

Interview mit Dr. Günter Faltin

Bausteine des Entrepreneurial Design

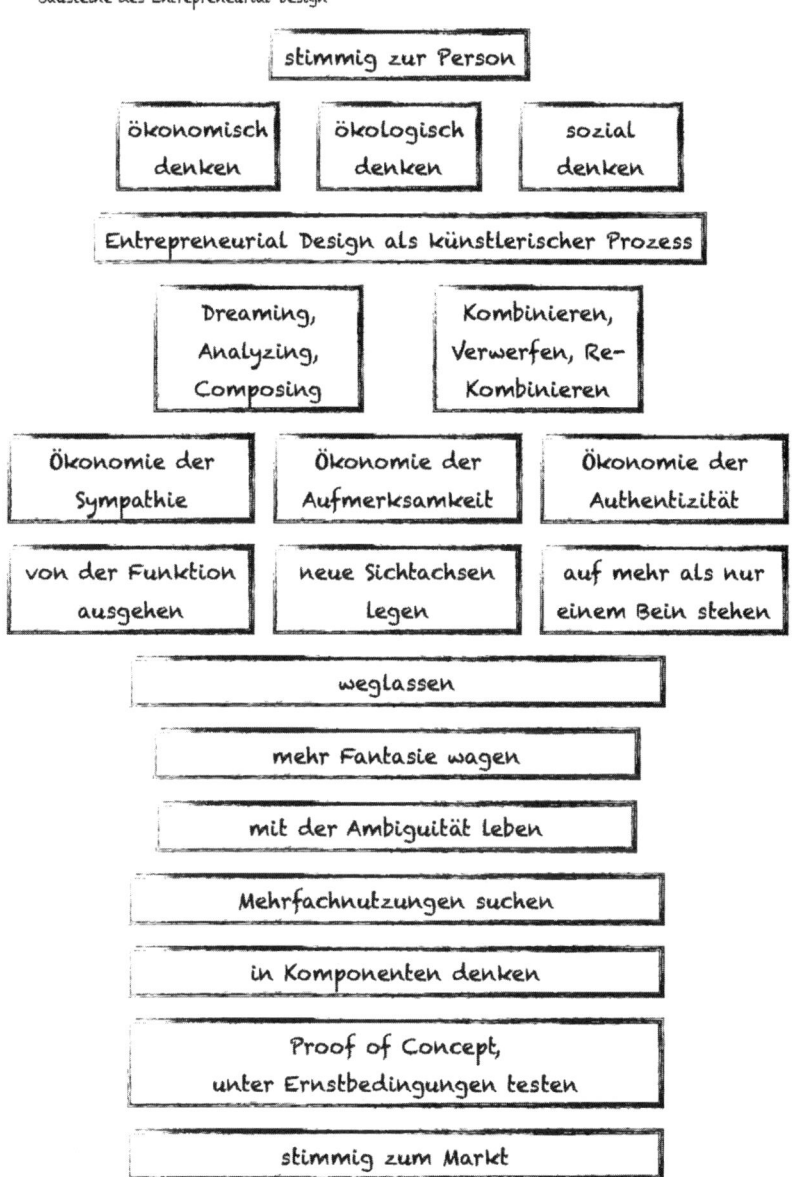

Herr Faltin, weshalb ist der Proof of Concept so wichtig?

Wenn Sie ein Konzept erstellen, sind darin viele Überlegungen enthalten, die zunächst nichts anderes sind als ein Bündel von Annahmen: etwa zur Produktart, zum Design, zum Preis, zur Art des Vertriebs und viele weitere. In allen diesen Überlegungen sind Annahmen über unsere Kunden enthalten. Und wir tun gut daran, diese Annahmen zu überprüfen, bevor wir gründen. Je früher der Proof of Concept erfolgt, desto besser. Danach können wir immer noch das Konzept anpassen, damit wir Kunden überzeugen und eine tragfähige Nachfragebasis aufbauen. Erst wenn Ihr Konzept erfolgreich diese Testphase durchlaufen hat, sollten Sie ins unternehmerische Risiko gehen.

Vielen Dank für das inspirierende Interview!

Auf Seite 37 siehst du eine Grafik aus Dr. Günter Faltins Buch *Wir sind das Kapital*, erschienen im Murmann Verlag. Diese verdeutlicht und fasst einige hier besprochene Punkte zusammen. Die Abbildung ist nicht als linearer Ablauf gemeint. Oft springt man von einem zum nächsten Punkt. Durch wiederholte Anpassungen soll ein Prozess der stetigen Verbesserung geschaffen werden.

Vom hässlichen Entlein zum schönen Schwan

Ich möchte dir das umfangreiche Thema Geschäftsmodelle anhand meines eigenen Beispiels, der Marke Keimster, näherbringen. Die dahinterstehende Firma Yourbiobrands habe ich vor zwei Jahren gekauft und baue sie seitdem mit meinen Geschäftspartnern Michael, Paul und Niko auf.

Zum heutigen Zeitpunkt weiß ich noch nicht, ob uns das Produkt und Geschäftsmodell Keimster langfristig gelingt. Es ist ein Experiment. Es hat drei Monate gedauert, bis wir unser gekeimtes Bio-Müsli und das zugehörige Geschäftsmodell entwickelt hatten. Du siehst also, ich höre nie auf, mir neue Konzepte und Ideen zu überlegen. Für mich sind viele Dozenten, Professoren und Coaches nicht authentisch, weil sie Wissen weitergeben, das sie niemals selbst angewendet haben. Meine Philosophie ist, dass ich selbst den Beweis antreten muss, um überprüfen zu können, ob mein Wissen funktioniert. Am 25.01.2017 sind wir mit unserer Homepage online gegangen. Unser Marketing ist es, ein unschlagbar günstiges Produkt in einer hohen Qualität zu haben. Dass es funktioniert, zeigen die zwei Aktionen, die wir bisher gemacht haben – zwei Facebook Posts. Einen am 25.01. um 10:14 Uhr, der 20 Kommentare und 60 Likes erhalten hat, und der zweite am 26.01, der 165 Likes und 64 Kommentare bekommen hat. Zudem wurde dieser Beitrag 28-mal geteilt. Daraus sind in weniger als 3 Tagen über 150 Bestellungen geworden. Kostenpunkt für uns: null Euro und eine Stunde Zeiteinsatz.

Der Hintergrund

Anfang 2014 habe ich die Yourbiobrands UG gekauft. Ausschlaggebend dafür war ein Teilnehmer meiner Seminare, der damals auf mich zukam und mir erzählte, dass der Inhaber die Firma möglichst schnell verkaufen wolle. Das Konzept war zu diesem Zeitpunkt Überraschungsboxen mit veganen Lebensmitteln. Der damalige Konkurrent, Vegan Box, hatte sich damit erfolgreich etabliert. Nach einem Treffen mit den Inhabern sollte ich zügig eine Entscheidung treffen, was ich mit der Auflage, nochmals miteinander zu reden, falls Überraschungen auftreten sollten, auch tat. Mir wurde gesagt, dass die Eigentümer mir die Firma zum selben Preis, den sie an den Vorgänger bezahlt haben, verkaufen. Als ich hinterher den Kaufvertrag fand, konnte ich sehen, dass ich knapp das Doppelte des damaligen Kaufpreises bezahlen musste – und das, obwohl der Shop qualitativ minderwertig war, die Kundendaten nicht wertvoll waren und Steuernachzahlungen folgten. Erster Lernpunkt für dich: Lass dich nicht zu einem Kauf drängen, finde den wahren Grund und ziehe pauschal erst mal die Hälfte vom Kaufpreis ab, um eine gegenläufige Verhandlungsbasis zu schaffen. Denke daran: Jeder kann eine Story liefern.

Trotzdem hatte der Kauf von Yourbiobrands etwas Gutes: Für mich war es von Anfang an stimmig, ein Unternehmen im Bereich Bionahrungsmittel aufzubauen. Da ich neben der Schule im Bioladen gejobbt habe, kann ich mich bestens mit den Produkten identifizieren. Was ich nicht wusste: Leider wird sich mein Geschäftskonzept nicht durchsetzen. Wir veränderten das Geschäftskonzept auf vegane Fitnessprodukte in einer Abo-Box, waren aber immer noch nicht zufrieden. Im September 2016 zogen wir die Reißleine und bauten das Geschäftskonzept völlig um, bis es für uns komplett stimmig war. Dieser Vorgang ist normal bei Startups und Gründungen. Es geht im Kern darum, dass die Entwicklungen schneller vonstattengehen, als einem die Liquidität, Motivation oder Zeit ausgehen.

Stimmigkeit zur Person

Obwohl das Thema Biolebensmittel für uns alle stimmig war, war der Kundennutzen nicht hoch genug. Nicht einmal uns selbst haben unsere veganen Fitnessboxen vom Hocker gehauen. Ursprünglich wollten wir die Produkte in unserer Box optimieren und haben uns aus diesem Grund lange mit Niko Rittenau unterhalten, der sich erfolgreich in der veganen Szene etabliert hat. Durch einen glücklichen Zufall kamen wir auf das Thema Keimen. Michael kam gerade aus Kalifornien zurück, wo ihm aufgefallen ist, dass dort viele Produkte bereits gekeimt angeboten werden. Niko hingegen beschwerte sich, dass in Deutschland nur sehr wenige, teure Produkte angeboten werden und das Thema Keimen als unsexy gilt. Ich wusste, dass die Fitnessboxen mit den vielen Produkten eigentlich zu komplex waren für eine kleine Firma wie die Youbiobrands UG. Warum sollten wir uns stattdessen nicht lieber auf ein Kernprodukt konzentrieren und dieses richtig gut machen? Der Startschuss für das Anbieten von gekeimtem Müsli war gefallen und fühlte sich von der ersten Sekunde für alle von uns stimmig an. Warum gerade Müsli? Es ist ein stark überteuertes Produkt, das viele Deutsche täglich zum Frühstück zu sich nehmen.

Ökonomisch, ökologisch und sozial

Was ist uns wichtig? Zum einen, dass die Produzenten für die angebotene Bioqualität gut bezahlt werden. Die Verpackung soll ökologisch abbaubar sein und die Rohstoffe in Deutschland hergestellt und verarbeitet werden. Zudem haben wir uns für das Drop-Shipping, also den Direkthandel, entschieden. Hierbei müssen die Waren nicht erst quer durch die Republik transportiert werden, sondern werden direkt vom Produzenten zum Kunden geschickt. Ein weiterer Vorteil: Wir brauchen kein Lager. Die Reklamationen, der Versand und die Herstellung sind also komplett ausgelagert. Zusammengefasst haben wir also folgende Komponenten an Bord geholt: Versand und Verpackung, Produktion, Lager und Bezahldienst. Daraufhin haben wir uns bestehende Lösungen angeschaut. Uns sind die hohen Preise anderer Biomüslis aufgefallen, die noch nicht mal gekeimt sind. Für unsere 2,5-Kilo-Packung müsste der Kunde bei der Konkurrenz fast 30 Euro ohne Versand ausgeben.

Wir haben uns gefragt, wie wir das beste Produkt zum günstigsten Preis anbieten können. Wir beziehen die Produkte ohne Zwischenhändler, verkaufen online, verzichten auf hohe Gewinnspannen, klassisches Marketing und bieten große Verpackungseinheiten an. Somit wollen wir unseren Kunden das gekeimte Biomüsli für unter 15 Euro anbieten. Allerdings sind unsere Preise flexibel und orientieren sich an den Rohstoffkosten. Durch höhere Mengen wollen wir Preisvorteile an den Kunden weitergeben. Da wir das Produkt nur online anbieten, haben wir keine Speisekartenkosten. Das sind die Kosten, die bei Preisänderungen entstehen würden, weil im konventionellen Laden neue Etiketten oder im Restaurant neue Speisekarten gedruckt werden müssten. Somit kauft der Kunde das Müsli zum tagesaktuellen besten Preis. Da Konsumenten manchmal denken, dass niedrige Preise gleichzeitig schlechte Qualität bedeuten, mussten wir uns etwas einfallen lassen. Warum nicht einfach die Kalkulation der Preise offenlegen? Dadurch sehen unsere Kunden, dass die Produktionskosten etwa 80 Prozent des Preises ausmachen. Bei normalen Müslis betragen diese ungefähr 20 Prozent des Verkaufspreises. Um ein gekeimtes Müsli für weniger als 15 Euro anzubieten, können wir keine standardisierten Marketinginstrumente verwenden. Allerdings erreicht uns bereits jetzt eine erhebliche Nachfrage von Zeitschriften und Blogs, die über uns berichten möchten. Wir haben drei Monate diskutiert, bevor wir den Proof of Concept angetreten sind. Mit Hilfe unserer E-Mail-Liste von Yourbiobrands haben wir unsere Zielgruppe gefragt, wie sie unser Konzept findet. Ich empfehle euch, unbedingt eine Mail an eure potenziellen Kunden zu schicken. Dabei muss das Produkt noch nicht mal fertig sein. Es reicht, wenn ihr euer Konzept in groben Zügen beschreibt. Wenn 80 Prozent der Menschen deine Idee toll finden, ist es ein guter Zeitpunkt, um loszulegen.

Anbei die Mail an die Abonnenten und ein Auszug aus dem Feedback, das wir erhalten haben:

Die Frage von Keimster an die Abonnenten:

> Hallo,
>
> seit Jahrtausenden ist bekannt, dass Saaten, Getreide und Co. verträglicher für den Körper sind, wenn sie gekeimt werden. Leider spart sich besonders die Industrie in Deutschland diesen Vorgang, weshalb fast sämtliche Produkte wie Haferflocken, Nudeln und Brot ungekeimt in unsere Einkaufstasche wandern.
>
> Gekeimte Saaten haben eine hohe Nährstoffdichte und können vom Körper bestmöglich aufgenommen werden. Ungekeimte Produkte hingegen entziehen dem Körper sogar Nährstoffe und können nur schwer verdaut werden.
>
> Wir entwickeln ein neues Produkt und brauchen dazu deine Hilfe. Mit deinem kurzen Feedback auf diese Mail wissen wir, ob genügend Interesse besteht und können bestenfalls direkt mit der Produktion starten.

Unser Ziel: Gekeimtes Basis-Müsli in bester Bioqualität, das lecker schmeckt und zugleich preislich erschwinglich ist.

Wie schaffen wir das? Wir sparen uns hohe Marketingkosten, Lieferketten und teures Verpackungsdesign. Angedacht sind Verpackungsgrößen von 3 oder 5 Kilo zu einem Preis von 10 bis 15 Euro.

Wie findest du die Idee? Würdest du so ein Produkt kaufen?

Antworte gerne unkompliziert auf diese Mail. Wir würden uns sehr über dein Feedback freuen!

Danke für deine Mithilfe!

P.S. Hier nochmal die wichtigsten Vorteile des Ankeimens auf einem Blick:

Samen und Nüsse müssen keimen, damit sie für Menschen verdaulich und die Inhaltsstoffe verfügbar werden. Daher haben Produkte aus gekeimten Samen wie unser Müsli besondere Vorteile:

- Gute Verdaulichkeit
- Steigerung der Bioverfügbarkeit
- Gehalt an Proteinen, Vitaminen, Mineralien und Enzymen steigt bis zu 300 Prozent
- Abbau von Säuren und Giften
- Auch für empfindsame Menschen geeignet
- Basische Verstoffwechslung

Sind Müslis aus gekeimten Samen richtig zubereitet, liefern sie Vitalstoffe wie Vitamine, Aminosäuren, Mineralien und vor allem Energie für den ganzen Tag.

Die Antworten:

Unsere Mail haben wir an 675 Abonnenten verschickt, davon haben 275 Personen die Mail geöffnet und 26 geantwortet. Das entspricht knapp 4 Prozent, womit wir sehr zufrieden waren. Mit einigen Personen sind wir tiefer in die Diskussion eingestiegen. Wenn du keine Abonnenten hast, nimm einfach deine guten Freunde und bitte sie, die Mail an potenzielle Interessenten weiterzuleiten.

> Hallohallo,
>
> die Idee finde ich grundsätzlich sehr gut!
>
> Ich verwende auch Basismüsli und gebe Nüsse, Samen etc. immer selbst dazu. Ich möchte keinesfalls gezuckerte Müslis kaufen oder solche mit Beeren. Das könnte man ja in verschiedene Basismüslis aufteilen.
>
> Ich bin Single und kaufe nie große Mengen! 3 oder 5 Kilo finde ich für mich eine zu große Menge. Meist hole ich 1 Kilo, könnte mich auf 2 Kilo einlassen, mehr aber nicht.
>
> Bitteschön ;-)
>
> Grüße,
>
> A.

> Moin moin Michael!
>
> Super Idee mit dem gekeimten Müsli!
>
> Für mich jedoch nichts, da ich mein Müsli selbst mache.
>
> Gutes Gelingen!
>
> S.

Hallo, Yourbiobrands-Team!

Danke für eure interessante Mail und die dahinterstehende Idee.

Das hört sich gut und sinnvoll an. Wenn das Müsli keinen extra Zuckerzusatz hat (nur den natürlichen Gehalt der pflanzlichen Inhaltsstoffe), kein Palmfett und nicht zu viele Rosinen enthält – und dabei noch lecker schmeckt, dann würde ich es mit großer Wahrscheinlichkeit kaufen.

Ich frage mich nur – trotz eurer tlw. Begründung –, wie ihr das mit hochwertigen Biozutaten zu dem Preis wirklich hinbekommen wollt.

Auch nehme ich an, dass gekeimte Saaten, Getreide & Co. empfindlicher und weniger haltbar sind als ungekeimte. Richtig? Dann würde ggf. eine 3- od. 5-Kilo-Packung bei einem Verbraucher in einem Haushalt – wie bei mir – schnell schlecht/ungenießbar werden.

Ich hoffe, mein Feedback hat euch ein wenig geholfen.

Wünsche euch weiterhin gute, innovative & umweltschonende Ideen und damit Erfolg!

Viele Grüße

S.

Liebes Team von Yourbiobrands,

danke für die Info und die Idee. Da mir dies von den Kilo-Zahlen zu viel ist, komme ich da allein leider nicht »gegen an« und würde leider nicht auf solche Mengen zurückkommen…

Viele Grüße und weiterhin eine schöne Vorweihnachtszeit.

B.

Hi,

ich würde solche Waren auf jeden Fall kaufen und anderen nicht vorgekeimten Produkten vorziehen!

Preis finde ich okay.

Viele Grüße

A.

Hi ihr zwei,

ich würde auf jeden Fall gekeimtes Müsli kaufen, denn ich vertrage Haferflocken & Co. pur nicht! Preis-Leistungsverhältnis klingt ideal.

Habt eine tolle Weihnachtszeit,

liebe Grüße

M.

Hallo,

ich finde die Idee richtig gut. Eure Argumentation ist umfangreich. Der Preis wäre erschwinglich. Ich würde euer Müsli kaufen.

Liebe Grüße

J.

Hallo!

Also ich würde definitiv ein gekeimtes Müsli kaufen! Finde es sehr schade, dass so wenig gekeimte Produkte auf dem Markt sind.

Liebe Grüße

A.

Hallo zusammen.

Theoretisch hört sich das gut an. Ich habe jedoch noch nie gekeimtes Müsli gegessen und bin mir nicht sicher, ob es mir schmeckt. Deswegen müsste ich erst mal eine kleine Portion zum Probieren haben. Wenn es mir schmeckt, fände ich die Idee, größere Mengen zu kaufen, durchaus reizvoll. Bin auch Kunde bei der Teekampagne, da ist das Konzept ja ähnlich.

Viel Erfolg für Euch,

C.

Hier findest du unser Fazit, das wir an unsere Unterstützer verschickt haben.

Betreff: Vielen Dank für dein Feedback

Vielen Dank, dass wir mit deinem Feedback unser Produkt verbessern konnten. Wir haben die Verpackungseinheiten von 3 Kilo auf 2,5 Kilo verkleinert. Des Weiteren werden wir beim Produkt angeben, wie lange eine solche Müsli-Packung reicht. 2,5 Kilo hören sich zwar viel an, werden aber in etwa eineinhalb Monaten verbraucht, wenn man jeden Tag Müsli isst. Auch die Skepsis, dass man ein gekeimtes Müsli in einer großen Packung kauft, ohne zu wissen, wie es schmeckt, haben wir zur Kenntnis genommen. Wir werden diesbezüglich eine Kundenbefragung durchführen und auf der Startseite von keimster.de die Rezessionen veröffentlichen. Diese geben einen Überblick über den Geschmack und den Verbrauch einzelner Tester.

Ihr habt bestätigt, dass wir mit einem Bio-Basismüsli ohne Nüsse, Zuckerzusatz, Rosinen und Ähnlichem absolut richtig liegen. Denn jeder hat seinen eigenen Geschmack und kann das Müsli beliebig mit Obst und weiteren Zutaten variieren. Um das Produkt bezahlbar zu machen, haben wir eng kalkuliert – sowohl für uns, als auch für unseren Hersteller. Die meisten von euch finden den Preis in Ordnung, wenn auch nicht extrem günstig. Dies liegt aus unserer Sicht daran, dass gekeimte Produkte in Deutschland noch nicht verbreitet sind. Durch die aufwendigere Verarbeitung werden solche Lebensmittel teurer. In den Whole-Food-Stores, die sich in den USA und England bereits durchgesetzt haben, werden gekeimte Produkte in Massen verkauft. Dort sind sich die Verbraucher darüber im Klaren, dass sie für diese besondere Qualität tiefer in die Tasche greifen müssen.

Wir wissen, dass wir mit unserem erschwinglichen, gekeimten Biomüsli absolute Pionierarbeit betreiben und freuen uns auf deine Unterstützung.

Noch ein Hinweis in eigener Sache:

Ich würde gerne einen Teil des Feedbacks in meinem Buch veröffentlichen. Darin beschreibe ich Keimster als Best Practise. Ich habe alle Namen und Dinge, die auf eine Person schließen lassen, unkenntlich gemacht und abgekürzt. Beispielsweise wird aus Anna Müller A. Natürlich respektiere ich es, wenn du mit deiner Meinung dennoch nicht im Buch veröffentlicht werden möchtest. Bitte antworte mir in diesem Fall einfach kurz auf diese Mail.

Ich freue mich auf das Jahr 2017 und wünsche dir einen guten Start!

Erik, Michael, Niko

Das Wichtigste, was du über Geschäftsmodelle wissen musst

✓ Aufgaben können an Komponenten ausgelagert werden!

✓ Zwar ist es ein kreativer Prozess, Geschäftskonzepte zu entwickeln, aber dennoch empfehle ich dir, systematisch vorzugehen.

✓ Du solltest nicht mit deiner ersten konzeptionellen Idee oder von deinem Ausgangspunkt starten. Wichtig ist, dass du mit potenziellen Kunden, anderen Unternehmern, aber auch fachfremden Menschen diskutierst und dein Geschäftskonzept immer wieder anpasst. Gerade am Anfang solltest du regelmäßig Brainstormings durchführen.

✓ Dein Ziel ist es, einen sogenannten USP, also ein Alleinstellungsmerkmal, zu haben. Denn unter den bestehenden Konzepten ist der Wettbewerb für dein Feierabend-Startup wahrscheinlich zu hoch.

✓ Entwickle kein „IHG" - eine Abkürzung, die für „Irgendwas, Hauptsache Gewinn" steht. Dein Konzept muss sich sowohl für dich, deine Situation, deine Werte als auch zum Markt hin stimmig anfühlen.

✓ Je früher du deine Kunden in die Entwicklung deines Geschäftskonzeptes mit einbeziehst, desto besser. Die Versendung einer Mail oder die Erstellung eines Prototyps ist am Anfang ausreichend.

✓ Denke daran, dass du einen explorativen Ansatz verfolgst. Mit hoher Wahrscheinlichkeit treffen Planungen und Einschätzungen NICHT ein. Deswegen macht ein Businessplan ohne valide Zahlen am Anfang keinen Sinn.

Der passende Anzug für dein Feierabend-Startup

Die perfekte Rechtsform für dein Feierabend-Startup

Die Rechtsform sorgt für den Rahmen, in dem du als Gründer agierst. Sie bestimmt, wie dein Unternehmen aufgebaut ist und auf welcher Rechtsgrundlage es beruht. Am besten besprichst du dieses komplexe Thema gemeinsam mit einem Rechtsanwalt und Steuerberater, da mit der Auswahl starke finanzielle, steuerliche und auch persönliche Folgen verbunden sind. Nachfolgend bekommst du einen groben Überblick, was es mit den Rechtsformen auf sich hat.

Grundsätzlich gibt es verschiedene Arten von Unternehmensformen und Rechtskonstruktionen. Dazu zählen die Personengesellschaft, die Personenhandelsgesellschaften, die juristischen Personen und die natürlichen Personen. Bei Letzteren wird die unternehmerische Tätigkeit auf die Person abgestellt, der klassische Einzelunternehmer.

Personengesellschaft

Personengesellschaften sind Zusammenschlüsse mehrerer natürlicher Personen zu einer Gesellschaft. Bei der GbR (Gesellschaft bürgerlichen Rechts) schließen sich mindestens zwei Personen mit einem gemeinsamen Zweck zu einer Gesellschaft zusammen. Hier haften alle Gesellschafter mit ihrem gesamten Vermögen. Im Volksmund wird diese Unternehmensform deshalb auch »Haus-und-Hof-Gesellschaft« genannt. Ein Gläubiger kann sich den solventesten Gründer suchen und diesen direkt in Anspruch nehmen. Grundsätzlich ist die Gründung ohne schriftlichen Gesellschaftervertrag möglich. Dennoch ist ein schriftlicher Gesellschaftervertrag sinnvoll, da beim Ableben von Gesellschaftern oder ihrem Ausscheiden die Gesellschaft ansonsten aufgelöst werden muss. Auch Beschlüsse mit einfacher Mehrheit, also mehr als 50 Prozent der Stimmrechte, sind ohne Gesellschaftervertrag nicht möglich.

Personenhandelsgesellschaften

Zu den Personenhandelsgesellschaften zählt die OHG (Offene Handelsgesellschaft) und die KG (Kommanditgesellschaft). Bist du Handelskaufmann, musst du eine OHG gründen und kannst keine GbR wählen. Eine Spedition mit komplexen Lieferungssystemen und mehreren Angestellten kann beispielsweise eine OHG sein, ein kleiner Imbisswagen hingegen wird wahrscheinlich eher in Form einer GbR gegründet. Weitere Gesellschaften sind die Partnergesellschaft und die stille Gesellschaft. Wählst du die Form einer Personenhandelsgesellschaft, haftest du immer mit deinem privaten Vermögen. Der Unterschied zur Personengesellschaft ist, dass die OHG ins Handelsregister eingetragen wird und ein Geschäftsführer bestellt werden kann.

Juristische Personen

Juristische Personen sind die Kapitalgesellschaften. Bei diesen Gesellschaften haftet lediglich die juristische Person mit ihrem Vermögen, dem Kapital, nicht aber die Eigentümer – sofern diese die Einlage auf das Stammkapital geleistet haben. Das ist ein großer Vorteil, denn im Falle einer Insolvenz wird nicht dein privates Vermögen herangezogen, sondern nur das Vermögen der Gesellschaft. Birgt dein Feierabend-Startup ein gewisses Risiko, solltest du dich für die Rechtsform der Kapitalgesellschaft entscheiden. Zwar ist diese mit höheren Kosten verbunden, aber der ruhigere Schlaf sollte dir diese Investition wert sein.

Natürliche Personen

Wie bereits erwähnt, handelt es sich bei den natürlichen Personen, die nicht zu einer Gesellschaft zusammengeschlossen sind, um Einzelunternehmer. Das Einzelunternehmen ist mit Abstand die beliebteste Rechtsform für Feierabend-Startups. Ganze 75,4 Prozent der Gründer in Deutschland haben im Jahr 2015 laut dem Institut für Mittelstandsforschung Bonn diese Rechtsform gewählt. Auf Platz zwei folgt die GmbH, die von 12,3 Prozent der Gründer bevorzugt wurde. Auch ich habe mich für die Rechtsform des Einzelunternehmens entschieden, als ich mit 19 Jahren meine erste Firma gründete. Sechs Jahre lang war das die perfekte Rechtsform für mich. Ich benötigte keine Investoren und konnte mich ganz dem Bootstrapping und dem ständigen Verbessern meiner Produkte widmen, nachdem ich einen Proof of Concept durchgeführt hatte. Beim Bootstrapping wird auf externes Kapital verzichtet und nur aus eigenen Mitteln oder aus dem Cashflow finanziert. Erst im Jahr 2014 firmierte ich in eine GmbH & Co. KG um, was mit sehr viel Arbeit verbunden war. Sämtliche Verträge, Konten und Vermögenswerte mussten übertragen werden. Hätte ich mich von Anfang an für die Rechtsform der GmbH & Co. KG entschieden, hätte ich mir diesen Prozess zwar sparen können, hätte aber auch mehr Geld investieren müssen. Deshalb ist es wichtig, dass du dir schon zum Beginn deines Feierabend-Startups Gedanken darüber machst, welche Rechtsform die beste für dich ist.

Für die Gründung eines Einzelunternehmens brauchst du nur dich selbst. Du musst weder Gesellschaftsverträge aufsetzen, noch Formalitäten erledigen, wie beispielsweise dich ins Handelsregister eintragen zu lassen. Oftmals sind Einzelunternehmer Kleingewerbetreibende. Darunter fallen alle Unternehmen, die in Art und Umfang keinen in kaufmännischer Weise eingerichteten Geschäftsbetrieb haben.

Kleingewerbetreibender

Ein Kleingewerbetreibender ist ein Unternehmer in Person und keine Firma. Die Firmierung erfolgt unter dem Vor- und Nachnamen, beispielsweise als Friseur Max Muster oder Schuster Friedrich Müller. Es kann weder ein Geschäftsführer eingestellt werden noch Prokura, also eine Generalvollmacht, erteilt werden. Übernimmst du ein Einzelunternehmen, kannst du dessen Namen beibehalten. Dennoch muss dein Name mit dem Zusatz Inhaber dabeistehen, also zum Beispiel Friseur Max Muster, Inhaberin Grete Meier. Kleingewerbetreibende müssen die Vorschriften des Handelsgesetzbuches nicht beachten. Darunter fallen etliche Vorschriften, wie die Aufstellung einer Bilanz, eines Inventars und viele weitere.

Eingetragener Kaufmann (e.K.)

Als Einzelunternehmer kannst du dich auch freiwillig ins Handelsregister eintragen lassen. Du bist dann ein eingetragener Kaufmann und musst alle Vorschriften des Handelsgesetzbuches beachten. Als Begründung für diesen Schritt habe ich schon oft gehört, dass das Image aufgebessert wird. Ich persönlich stimme dem nicht zu und bin der Meinung, dass du dir das Geld für die Eintragung, die Jahresabschlüsse und weitere Administration sparen kannst.

Beteiligung am Einzelunternehmen

An Gesellschaftsformen wie der GmbH, AG und weiteren können sich andere beteiligen. Das ist bei einem Einzelunternehmen nicht möglich, da damit automatisch eine GbR oder OHG erwächst. Hier haften auch die Investoren mit ihrem privaten Vermögen, was viele abschreckt. Will ein potenzieller Investor an dem Gewinn partizipieren und dem Gründer Startkapital ohne Haftung zur Verfügung stellen, muss ein partiarisches Darlehen, also ein Beteiligungsdarlehen, gewählt werden. Der Darlehensgeber ist nicht am Vermögen der Firma beteiligt und bekommt keinerlei Mitspracherechte. Es ist ein sogenanntes Nachrangdarlehen, das keine Zinsen gewährt, sondern eine Bonusverzinsung, der ein Anteil vom Gewinn entspricht.

Vorteile des Einzelunternehmens

Als Einzelunternehmer genießt du bei Banken hohes Vertrauen, da du für alle Verbindlichkeiten mit deinem Privatvermögen haftest. Dennoch kann es in den ersten drei Jahren schwierig sein, eine Finanzierung zu bekommen. Diese Zeit gilt bei Banken als besonders risikoreich. Typische freiberufliche Tätigkeiten wie sie Ärzte, Rechtsanwälte oder Notare ausüben, werden eher finanziert als Internet-Geschäftsmodelle oder innovative Dienstleistungen. Warum? Banken finanzieren mit Vorliebe Geschäfte, die sie kennen und einschätzen können. Es kann sein, dass du in der Anfangszeit zusätzliche Sicherheiten stellen musst, um einen Bankkredit zu bekommen. Dein Vorteil beim Feierabend-Startup: Dank deinem sicheren Angestellten-Job kannst du in der Regel genügend Bonität für einen Konsumentenkredit nachweisen. Sofern diese passt, kannst du etwa das Zweieinhalbfache deines Nettojahresgehalts als Konsumentenkredit beantragen. Um einen Kredit zu bekommen, reichen hier meist die letzten drei Gehaltsabrechnungen und ein ungeschwärzter, einmonatiger Kontoauszug aus. Eine Gründungsfinanzierung erfordert hingegen viel mehr Unterlagen, wie zum Beispiel einen umfangreichen Businessplan, Eigenkapital und Abtretungen.

Nachteile des Einzelunternehmens

Dir muss klar sein, dass du mit deinem gesamten Privatvermögen haftest. Des Weiteren sind Beteiligungen an deinem Einzelunternehmen schwer möglich. Für zukünftige Expansionen und Investoren benötigst du einen aufwendigen Rechtsformwechsel. Auch bei einer Übertragung ergeben sich Probleme. Konten und Verträge laufen alle auf dich als natürliche Person. Bei juristischen Personen kann der Inhaber wechseln, aber die Firma bleibt mit ihren Verträgen und Konten bestehen.

Gesellschaft bürgerlichen Rechts

Die Gesellschaft bürgerlichen Rechts ist eine schnell gründbare Unternehmensform. Laut dem Institut für Mittelstandsforschung Bonn haben 2015 5,1 Prozent der Gründer eine GbR gewählt. Der Vorteil der GbR ist, dass es nur wenige gesetzliche Vorgaben gibt. So einfach und gut das klingt, so risikoreich ist die GbR.

Zur Gründung einer GbR oder einer BGB-Gesellschaft (Bürgerliches-Gesetzbuch-Gesellschaft) reicht es aus, wenn sich mindestens zwei Personen mit einem gemeinsamen Ziel zusammenschließen. Ein Beispiel hierfür sind zwei Kommilitonen, die ein Restaurant in Form einer GbR gründen wollen. Dazu ist weder ein schriftlicher Vertrag erforderlich, noch die Anzahlung eines Stammkapitals oder der Eintrag ins Handelsregister notwendig. Dies spart eine Menge Geld, da sowohl der Notar bezahlt werden muss, der den Handelsregistereintrag vornimmt, als auch die Eintragung selbst. Zudem kann die Eintragung bis zu vier Wochen dauern. Erst danach kannst du bei den meisten Rechtsformen mit deinem Feierabend-Startup beginnen.

GbR gründen – nicht ohne Gesellschaftervertrag

Wenn kein Gesellschaftervertrag aufgesetzt wird, gelten die Regelungen des Bürgerlichen Gesetzbuchs. Diese können in vielen Fällen nachteilig sein:

❐ Einstimmige Beschlüsse

Wenn kein Vertrag besteht, müssen alle Beschlüsse gemeinsam und einstimmig entschieden werden. Deswegen kann es Sinn machen, im Vertrag Mehrheitsbeschlüsse zuzulassen. Dann kann mit einer einfachen Mehrheit beschlossen werden. Hiervon sollten wichtige Geschäfte ausgeschlossen werden, wie zum Beispiel die Aufnahme von Krediten ab einer bestimmten Höhe.

❐ Ausscheiden/Tod

Scheidet ein Gesellschafter aus, muss die Gesellschaft aufgelöst werden, sofern kein Gesellschaftervertrag besteht. Im Vertrag wiederum kann die Fortführung der Gesellschaft geregelt werden.

❐ Auseinandersetzung

Falls jemand aus der Gesellschaft austritt, muss eine klare Abfindungsregelung getroffen werden. Ansonsten besteht hier hohes Streitpotenzial.

❐ Verteilung der Verluste und Gewinne

Was passiert, wenn kein Gesellschaftervertrag besteht? Unabhängig vom Betrag müssen sowohl die Gewinne als auch die Verluste durch die Anzahl der Personen geteilt werden. Deswegen ist es sinnvoll, die Anteile bereits im Gesellschaftervertrag maßgeblich zu verteilen. Bedenke jedoch, dass du, selbst wenn du nur ein Prozent der Gesellschaft besitzt, auch für die restlichen 99 Prozent der Verbindlichkeiten mit deinem Privatvermögen haftest.

❐ Nachhaftung/Außenverhältnis

Für Verbindlichkeiten, die bis zum Ausscheiden des Gesellschafters begründet wurden, haftet dieser in der Regel fünf Jahre nach. Tritt ein neuer Gesellschafter in die Gesellschaft ein, haftet auch dieser für alte Verbindlichkeiten. Eine Regelung kann nur die Gesellschafter untereinander betreffen. Hierzu kannst du etwas regeln. Im Außenverhältnis, also der Bank gegenüber, bleibt die Nachhaftung unberührt. Werden die Schulden nach drei Jahren nicht zurückbezahlt und wurde der Kredit vor deinem Ausscheiden abgeschlossen, kann die Bank im Falle der Nichtrückzahlung bei dir an die Tür klopfen und das Geld verlangen. Dies musst du im ersten Moment zahlen. Habt ihr allerdings im Vertrag geregelt, dass die Nachhaftung nur 24 Monate besteht, kannst du von den verbleibenden Gesellschaftern das Geld verlangen. In der Hoffnung, dass jemand noch etwas hat.

Wähle den richtigen Firmennamen

Im Firmennamen müssen alle Nachnamen der Gesellschafter mit mindestens einem Vornamen zu sehen sein. Der Zusatz »GbR« zum Firmennamen sollte auf jeden Fall verwendet werden. Es ist kompliziert, eine Gesellschaft bürgerlichen Rechts mit einem Fantasienamen zu gründen. Auch dann müssen wenigstens von einem Gesellschafter der Vor- und Nachname zusammenhängend auftauchen sowie die Nachnamen aller Gesellschafter. Eine Möglichkeit wäre: Fantasiename – Vorname Gesellschafter A – Nachname Gesellschafter A – und – Vorname Gesellschafter B – Nachname Gesellschafter B und Zusatz GbR. Bei Grundbesitzgesellschaften mit einigen Hundert Eigentümern ist das natürlich schwierig. In diesem Fall wird der Name Grundstücks- oder Grundbesitz-GbR angegeben.

Kreditwürdigkeit

Die GbR hat bei Kreditinstituten ein hohes Ansehen. Getreu dem Motto der Musketiere »Einer für alle und alle für einen« haftet jeder Gesellschafter für den anderen und somit für die Verbindlichkeiten bei der Bank.

Investorenbeteiligung

Es ist schwierig, einen Investor zu finden, der in eine GbR investieren möchte. Warum? Wird der Investor zum Gesellschafter, haftet er automatisch für alles, was das Gründerteam fabriziert. Für jemanden, der lediglich Geld beisteuern möchte, inhaltlich aber keinen Überblick hat, ist das ein hohes Risiko. Genau wie beim Einzelunternehmen ist es nur über ein partiarisches Darlehen möglich.

Auch wenn die GbR kurzfristige Vorteile hat, kann sie langfristig zu einer Belastungsprobe werden. Dies gilt insbesondere, wenn sich die Gesellschafter mit ihren Meinungen und ihrem Interesse auseinanderentwickeln.

Vor- und Nachteile der GbR auf einen Blick

Vorteile
- ❏ Schnelle Gründung
- ❏ Keine Eintragung ins Handelsregister
- ❏ Kleingewerbetreibende
- ❏ Wenig Kosten für Buchhaltung

Nachteile
- ❏ Alle haften gesamtschuldnerisch mit dem privaten Vermögen
- ❏ Schwierigkeit der Investorenbeteiligung
- ❏ Spätere Umfimierung kostet Geld und Zeit

Kapitalgesellschaften – der Anzug für alle Fälle

Zu den Kapitalgesellschaften gehören die Unternehmergesellschaft (haftungsbeschränkt), die Gesellschaft mit beschränkter Haftung (GmbH) und die Aktiengesellschaft (AG). Die AG ist für dein Feierabend-Startup in der Regel ungeeignet, da sie auf ein breites Publikum ausgerichtet ist. Dementsprechend sind die Abläufe gestaltet. Die Aktionärsversammlung wählt den Aufsichtsrat, und dieser wählt und kontrolliert den Vorstand. Die Kosten einer AG ufern schnell aus – und das ist vermutlich nicht dein Ziel. Das Stammkapital muss mindestens 50.000 Euro betragen.

Unternehmergesellschaft (UG)

Bei der Unternehmergesellschaft handelt es sich nicht um eine Rechtsform, sondern um eine Vorstufe zur GmbH. Sie kann mit einem Euro gegründet werden. Es wird so lange ein Viertel der Gewinne zurückgestellt, bis das Stammkapital einer GmbH von insgesamt 25.000 Euro erreicht ist. Die UG wandelt sich dann automatisch in eine GmbH um. Aus diesem Grund ist auf die UG grundsätzlich das GmbH-Gesetz anzuwenden.

Im § 5a des GmbH-Gesetzes befindet sich die Definition zur UG:

> (1) Eine Gesellschaft, die mit einem Stammkapital gegründet wird, das den Betrag des Mindeststammkapitals nach § 5 Abs. 1 unterschreitet, muss in der Firma abweichend von § 4 die Bezeichnung »Unternehmergesellschaft (haftungsbeschränkt)« oder »UG (haftungsbeschränkt)« führen.

Der maximale Verlust ist auf die Einlage begrenzt. Der deutsche Gesetzgeber hat damit das Pendant zur englischen Limited geschaffen, die mit einem Pfund gegründet werden kann. Bis zum Jahr 2003 war dies nicht möglich. Es herrschte die Sitztheorie: Nur in Deutschland eingetragene Gesellschaften mit beschränkter Haftung wurden anerkannt. Am 13.03.2003 fiel diese mit dem Urteil des Bundesgerichtshof (Az.: VII ZR 370/98). Nun konnten auch in Europa eingetragene Gesellschaften in Deutschland tätig werden. Das nennt sich dann Gründungstheorie. Ein Ansturm auf die Limited begann, der erst mit Einführung der UG gestoppt werden konnte. Hier liegen viele steuerliche Chancen, die Großkonzerne wie Amazon, Starbucks und Google für sich nutzen. Um die niedrigen Steuersätze in den einzelnen Ländern zu bekommen, ist es allerdings notwendig, dass man dort operativ tätig ist. Wenn jemand eine englische Limited gründet und nur in Deutschland tätig ist, unterliegt er dem deutschen Steuerrecht und muss auch hier Steuern zahlen. Das ist ziemlich schade, da in England niedrigere Steuersätze herrschen. Allerdings sind hier die Folgen des Brexit ein erhebliches Risiko. Daher rate ich von einer Gründung einer englischen Limited ab.

Gründungsablauf

Die UG kann alleine oder mit beliebig vielen Gesellschaftern gegründet werden. Du gehst genauso vor wie bei einer GmbH. Als Erstes muss ein Gesellschaftervertrag aufgesetzt werden, der Satzung genannt wird. Du kannst diesen individuell von einem Anwalt erstellen lassen oder ein Musterprotokoll verwenden. Bei Letzterem gibt es ein paar Einschränkungen. Es dürfen maximal drei Gesellschafter sein, und es darf nur einen Geschäftsführer geben. Eine Abweichung hiervon ist beim Musterprotokoll nicht möglich. Musterprotokolle haben den Vorteil, dass die Anwaltskosten wegfallen und die Notargebühren geringer sind. Die Gründung ist schneller und günstiger, als wenn du einen Anwalt mit der Satzung beauftragst.

Wenn du dich für einen individuellen Vertrag entscheidest, entstehen Anwaltskosten. Der Notar wird die Kosten von der Höhe der Stammeinlage abhängig machen. Grob über den Daumen gepeilt musst du für die Gründung einer UG mit Kosten im mittleren dreistelligen Bereich rechnen. Nachdem der Vertrag beurkundet wurde, wartet der Notar auf die Bestätigung, dass das Stammkapital eingezahlt wurde. Üblicherweise wird dies durch die Überweisung auf das UG-Konto veranlasst. Danach wird die Gesellschaft ins Handelsregister eingetragen und ist damit rechtsfähig. Hier ist besondere Vorsicht geboten. Wird der Geschäftsführer oder Gesellschafter vor der Eintragung tätig, besteht rein juristisch eine GbR. Verträge und Geschäfte sollten erst nach der Eintragung ins Handelsregister getätigt werden. Zudem darf das Stammkapital bis zur Eintragung nur für die Gründungskosten wie Notar- und Amtsgerichtsgebühren verwendet werden.

Steuer und Jahresabschluss

Die steuerlichen Vorschriften unterscheiden sich bei der UG erheblich vom Einzelunternehmen und der GbR. Die Rechtsformen UG und GmbH sind körperschaftssteuerpflichtig, und es gibt keinen Gewerbesteuerfreibetrag. Ausschüttungen müssen mit einer Abgeltungssteuer besteuert werden, und du verpflichtest dich zur doppelten Buchführung. Weitere Einzelheiten dazu findest du im Kapitel »Buchhaltung und Steuer«.

Geschäftsführergehalt

Als Geschäftsführer kannst du dir ein Gehalt auszahlen. Es ist bei der GmbH als Betriebsausgabe anzusetzen und mindert deinen Gewinn. Bei Personengesellschaften ist dies nicht möglich. Vorsicht ist geboten, wenn der geschäftsführende Gesellschafter ein zu hohes Gehalt bezieht oder ein zinsloses Darlehen bekommt. Hier spricht man im »Steuerdeutsch« von einer verdeckten Gewinnausschüttung. Wenn eine Betriebsprüfung diesen Sachverhalt aufdeckt, droht dir unter Umständen eine hohe Nachzahlung.

Insolvenzverschleppung

Als Geschäftsführer musst du auf einige Dinge achten, um nicht in »Teufels Küche« zu kommen. Dazu gehört die Insolvenzverschleppung, die eintritt, sobald du deine Zahlungsunfähigkeit oder Überschuldung bewusst verheimlichst. Diese beginnt in dem Moment, in dem die Gesellschaft insolvent ist, aber kein Antrag gestellt wurde und die Gesellschaft stattdessen weiter ihren Betrieb beibehält. Für den Insolvenzantrag ist der Geschäftsführer verantwortlich. Wenn eine Insolvenzverschleppung vorliegt, wird ein Strafverfahren eröffnet. Das Strafmaß umfasst meistens 90 Tagessätze. Die Höhe des Tagessatzes ist abhängig von deinem Gehalt. Wird eine höhere Strafe auferlegt, giltst du als vorbestraft. Zudem bist du für eine bestimmte Zeit als Geschäftsführer gesperrt. Der Insolvenzantrag muss sofort gestellt werden. Das absolute Maximum ist eine Frist von drei Wochen, die nur zulässig ist, wenn bereits Sanierungsverhandlungen zur Rettung deines Startups stattgefunden haben.

Beteiligung

Eine UG ist eine Kapitalgesellschaft. Dieser Umstand ist für externe Investoren sehr wichtig, denn über die finanzielle Beteiligung hinaus wollen diese meistens keine Haftung übernehmen. Bei den Personengesellschaften und den Einzelunternehmen ist es außerhalb der Kommanditgesellschaft nicht möglich, Eigenkapital ohne Haftung zur Verfügung zu stellen. Bei der UG können beliebig viele Investoren am Unternehmen beteiligt werden und haben bei der Gesellschafterversammlung Mitspracherecht in Höhe ihrer Kapitalanteile. Durch spätere Kapitalerhöhungen kann weiteres Kapital ins Unternehmen fließen. Kauf und Verkauf von Anteilen finden über eine Beurkundung beim Notar statt.

Was musst du bei der UG noch beachten?

Mindestens einmal im Jahr musst du eine Gesellschafterversammlung durchführen. Du findest diesbezüglich im Gesellschaftervertrag eine genaue Angabe, wann und wie du dazu einladen musst. Auf dieser Versammlung werden wichtige gesellschaftliche Punkte entschieden, zum Beispiel die Wahl oder Abberufung von Geschäftsführern, die Verwendung des Gewinns, das Bilden von Rücklagen und das Auszahlen von Gehältern.

Ebenfalls wichtig ist die Durchgriffshaftung, die besagt, dass ausnahmsweise auf das private Vermögen der Gesellschafter zugegriffen werden kann. Dieser Fall kann eintreten, wenn das Vermögen der Gesellschaft nicht klar von den Gesellschaftern getrennt wurde oder die Buchhaltung nicht korrekt geführt wurde.

Vor- und Nachteile der UG auf einen Blick

Vorteile
- Beschränkte Haftung
- Fremdgeschäftsführung möglich
- Übertragbarkeit von Anteilen
- Geschäftsführergehalt ist Betriebsausgabe
- Investorenfreundlich
- Mit Musterprotokoll einfache und »günstige« Gründung

Nachteile
- HGB-Vorschriften sind anzuwenden
- Bilanz und Gewinn- und Verlustrechnung (doppelte Buchführung)
- Gründungskosten
- Komplizierte Entnahmeregelung
- Kein Gewerbesteuerfreibetrag
- Veröffentlichung der Geschäftszahlen

Fazit: Eine UG ist die perfekte Unternehmensform für Gründer, die sich noch nicht lange kennen und dem Risiko der persönlichen Haftung aus dem Weg gehen wollen.

GmbH – Gesellschaft mit beschränkter Haftung

Für die GmbH gelten die gleichen Regelungen wie für die UG. Außer dass hier das Stammkapital mindestens 25.000 Euro betragen muss, wobei 12.500 Euro dem Notar vor Eintragung ins Handelsregister nachgewiesen werden müssen.

Andere Gesellschaftsformen

In Deutschland gibt es noch weitere Gesellschaften, die du gründen kannst, wie beispielsweise die GmbH & Co. KG. Dabei handelt es sich um eine Personenhandelsgesellschaft, bei der die GmbH die gesamte Haftung übernimmt. Somit brauchst du zwei Gesellschaften: die GmbH, die die Haftung und Geschäftsführung übernimmt, und die KG (Kommanditgesellschaft). Durch die Gründung von zwei Gesellschaften sind die Kosten entsprechend hoch, deswegen erläutere ich das Thema GmbH & Co. KG nicht weiter – obwohl diese Gesellschaftsform auch einige Vorteile bietet, da sie beschränkte Haftung und die Flexibilität der Personengesellschaft hat.

Auf die englische Limited bin ich bereits eingegangen. In Europa gibt es noch viele andere Gesellschaften, die du gründen kannst. Allerdings verursachen diese Gesellschaften auf lange Sicht Kosten, da Geschäftsberichte übersetzt, Briefkästen gemietet und weitere Administrationsaufgaben durchgeführt werden müssen.

5 Kriterien, die für eine Gewerbeanmeldung sprechen

Einer der wichtigsten Schritte bei deinem Feierabend-Startup ist es, dein Gewerbe anzumelden. Damit erreichst du für dich nicht nur den »Point of no return«, sondern darfst auch offiziell Geschäfte machen. Das Gewerbe muss unverzüglich angemeldet werden, wenn du nachfolgende Kriterien erfüllst:

- ❐ Selbstständige Tätigkeit
- ❐ Eine auf Dauer ausgerichtete Tätigkeit
- ❐ Keine freiberufliche Tätigkeit
- ❐ Die Absicht, Gewinne zu erzielen
- ❐ Keine sozial unwertige Tätigkeit

1. Selbstständige Tätigkeit

Selbstständig tätig sein bedeutet, dass du auf eigene Rechnung und mit eigenem Risiko unterwegs bist. Anders als bei einem Angestelltenverhältnis, bei dem dein Arbeitgeber das Risiko trägt, bist du jetzt dafür verantwortlich, was passiert. Nehmen wir an, du arbeitest im Einkauf einer großen Firma und kaufst aus Versehen 200 statt 20 Bürostühle. Nach der Lieferung will der Hersteller diese nicht mehr zurücknehmen, da sie eine Sonderanfertigung sind. Als Angestellter kann dir dein Arbeitgeber das nicht in Rechnung stellen, außer du hast vorsätzlich oder grob fahrlässig gehandelt. Wenn du selbstständig tätig bist, haftest du für den entstandenen Schaden und bleibst auf den 200 Stühlen sitzen. Aber bitte jetzt keine 200 Mitarbeiter einstellen!

2. Eine auf Dauer ausgerichtete Tätigkeit

Ein Gewerbeschein wird bei einer einmaligen selbstständigen Erwerbstätigkeit oft gar nicht benötigt. Arbeitest du beispielsweise während deines Studiums in den Semesterferien einmalig in einem Zeitraum von ca. ein bis zwei Monaten auf Rechnung, so ist davon auszugehen, dass deine Tätigkeit nicht auf Dauer ausgerichtet ist. In diesem Fall brauchst du kein Gewerbe anzumelden, d. h. keinen Gewerbeschein zu beantragen. Es genügt, wenn du eine Rechnung ohne Mehrwertsteuer über den zu erhaltenden Geldbetrag ausstellst. Das bedeutet jedoch nicht, dass dein Einkommen nicht versteuert werden muss. Du musst es bei den sonstigen Einkünften angeben und versteuern.

3. Keine freiberufliche Tätigkeit

Freiberufler haben in Deutschland den Vorteil, dass sie kein Gewerbe anmelden müssen. In diesem Fall reicht eine Info an das zuständige Finanzamt mit der Bitte, dir den steuerlichen Erfassungsbogen zukommen zu lassen. Die freien Berufe haben andere Besonderheiten, die wir uns im nächsten Abschnitt anschauen.

4. Die Absicht, Gewinne zu erzielen

Wenn du keine Absicht hast, Gewinne zu erzielen, handelt es sich aus Sicht des Finanzamts um Liebhaberei. Du darfst dann zwar keine Betriebsausgaben ansetzen, musst dafür aber auch gelegentliche Gewinne nicht versteuern. Im Finanzdeutsch spricht man hier vom Totalgewinn des Gewerbebetriebs. Der Totalgewinn ist der Gewinn über die gesamte Lebensphase des Gewerbes. Anfangsverluste oder vorübergehende Verluste sind ganz normal. Ein Beispiel für Liebhaberei ist der Handwerksbetrieb, der an die nächste Generation vererbt werden soll, keine operativen Einnahmen mehr hat, aber noch immer Kosten verursacht. Wenn du keine Absicht hast, Gewinne zu erzielen, dann musst du auch kein Gewerbe anmelden.

5. Keine sozial unwertige Tätigkeit

Sozial unwertig heißt gegen die guten Sitten verstoßend. Ein Beispiel hierfür ist aggressives Betteln. In solchen Fällen ist keine Anmeldung beim Gewerbeamt möglich. Stellt euch nur mal vor, ihr geht zum Amt und sagt dem Sachbearbeiter, dass ihr beabsichtigt, mit einer professionellen Bettelmafia Geld zu verdienen. Unvorstellbar, oder? Für »normales« Betteln braucht man dagegen in den meisten Fällen keine Gewerbeanmeldung.

Die Einordnung, was moralisch vertretbar ist und was nicht, kann sich aber auch ändern. Ein Beispiel hierfür ist die Eigenprostitution. In dem Urteil vom 20.02.2013 (Az. GrS 1/12) urteilte der Bundesfinanzhof, dass Eigenprostitution nicht mehr sittenwidrig ist und dafür ab sofort ein Gewerbe anzumelden ist. Allerdings sind diese Einkünfte nun auch gewerbesteuerpflichtig – was wiederum die Kommunen freuen dürfte, da ihnen die Gewerbesteuer alleine gehört. Einnahmen waren bis dato unter sonstigen Einkünften zu verbuchen, hier müssen auch Einkünfte aus Spenden (Betteln) versteuert werden. Diese Einkünfte unterliegen der Einkommensteuer, eine sogenannte Gemeinschaftssteuer, die sich Bund, Länder und Gemeinden teilen.

Zugangsvoraussetzungen für bestimmte Berufe

Finanzdienstleistungsbetriebe wie Makler oder Banken brauchen separate Genehmigungen. Falls du als Feierabend-Startup eine Bank gründen willst, empfehle ich ausdrücklich weitere Literatur und das Aufsuchen eines Experten. Für Finanz- und Versicherungsmakler erteilt beispielsweise die IHK die Genehmigungen. Handwerksbetriebe benötigen die Bestätigung der Handwerkskammer. Diese erhält man durch das Vorlegen eines Meisterbriefes. Daraufhin wird eine Eintragung in die Handwerksrolle vorgenommen, und die Handwerkskarte wird zur Vorlage beim Gewerbeamt ausgestellt. Gaststättenbetreiber müssen vor Beginn eine lebensmittelrechtliche Schulung absolvieren. Dafür solltest du ca. sechs Stunden einrechnen, es sei denn, du kannst gleichwertige Kenntnisse nachweisen. Erlaubnispflichtig ist ein gastronomischer Betrieb immer dann, wenn alkoholische Getränke angeboten werden. Minderjährigen ist der Ausschank von alkoholischen Getränken nicht gestattet.

Kosten

Die Kosten für die Gewerbeanmeldung sind nicht einheitlich definiert, da jedes Gewerbeamt seine eigenen Gebühren erheben kann. In Deutschland gibt es unzählige Gewerbeämter: So zahlt ein Gründer in Köln und Hamburg jeweils 20 Euro für die Gewerbeanmeldung, in Dresden 30 Euro und in Berlin Treptow-Köpenick 26 Euro. Die Kosten für die Genehmigungen bei erlaubnispflichtigen Gewerben sind hier nicht inbegriffen.

Anmeldung

Du kannst dein Gewerbe jederzeit im Amt persönlich anmelden. In manchen Ämtern ist auch eine Onlineanmeldung möglich. Wenn du »Gewerbeanmeldung Formular« googelst, kannst du dir parallel die Vorlage dazu anschauen. Neben den persönlichen Daten ist der Zweck der Tätigkeit anzugeben. Dieser kann weit gefasst werden, beispielwiese Unternehmensberatung, Durchführung von Events oder der Handel mit Waren. Des Weiteren ist anzugeben, ob die Tätigkeit im Haupt- oder Nebengewerbe durchgeführt wird.

Weiter unten im Formular sind Angaben zur Mitgliedschaft bei der Industrie-, Handwerks- oder Handelskammer zu machen. Bei Handwerksbetrieben ist die Handwerkskammer zuständig. Für die meisten Feierabend-Startups wie Online- und Offlinehandel sowie Restaurants ist die Handelskammer zuständig. Welche Unterlagen sind erforderlich? Du benötigst deinen aktuellen Personalausweis oder Reisepass sowie eine Meldebescheinigung. Bei Personenhandelsgesellschaften musst du zusätzlich den Gesellschaftervertrag und den Handelsregisterauszug vorlegen. Den Handelsregisterauszug bekommst du beim Registerportal der Länder www.handelsregister.de.

Weitergabe der Daten

Das Gewerbeamt meldet deine Daten an die Berufsgenossenschaft. Dort kannst du freiwilliges Mitglied in der Unfallversicherung werden. Wenn du Angestellte hast, musst du diese dort pflichtversichern. Des Weiteren werden deine Daten an die Industrie-, Handels- oder Handwerkskammer, das Finanzamt und die statistischen Behörden weitergegeben. Das Finanzamt schickt dir den steuerlichen Erfassungsbogen zu.

Besonderheiten, auf die du achten solltest

Arbeitslosengeld 1

Bei Beantragung des Gründerzuschusses darf die Gewerbeanmeldung erst erfolgen, wenn der Antrag auf den Gründerzuschuss bei der Bundesagentur gestellt wurde. Seit dem 28.12.2011 ist der Gründerzuschuss nur noch eine Ermessensleistung der Sachbearbeiter. Oftmals hängt es davon ab, wie gut man auf dem ersten Arbeitsmarkt vermittelbar ist und wie aussichtsreich die Gründung ist. Zudem muss ein Restanspruch von 150 Tagen Arbeitslosengeld bestehen. Der Zuschuss beläuft sich in den ersten sechs Monaten auf das Arbeitslosengeld plus 300 Euro zur Grundsicherung. Danach kann man für weitere neun Monate die 300 Euro Grundsicherung bekommen.

Als EU-Bürger

Als EU-Bürger hast du nichts zu beachten, denn es herrscht Freizügigkeit, Niederlassungsfreiheit und Gewerbefreiheit für alle Bürger der Mitgliedsstaaten. Allerdings gibt es für die neuen Mitgliedsstaaten Zugangsvoraussetzungen wie Sprachtests oder der Nachweis von kaufmännischen Fähigkeiten. Auf EU-Bürger ist das Ausländerrecht nicht anwendbar, sondern lediglich auf Nicht-EU-Bürger. Diese müssen natürlich eine Aufenthaltserlaubnis haben, inklusive der Erlaubnis, ein Gewerbe zu eröffnen. Ein Student, der aus einem Land außerhalb der EU stammt, hat im Rahmen seines Studiums meistens eine Aufenthaltsgenehmigung ohne Gewerbeerlaubnis.

Wann kann eine solche Genehmigung erteilt werden? Beispielsweise, wenn du mehr als eine halbe Million Euro in deinen Betrieb investierst oder mehr als fünf Arbeitsplätze schaffst. Es ist auch möglich, etwas anzubieten, das in dieser Form noch nicht existiert. Die Industrie-, Handels- oder Handwerkskammer entscheidet dann, ob die Geschäftsidee einen Mehrwert bietet. Die berechtigte Frage ist natürlich, ob diese Berater neue Ideen nachhaltig beurteilen können. Darauf hast du jedoch leider keinen Einfluss.

Minderjährige

Für Minderjährige müssen die Erziehungsberechtigten eine schriftliche Erlaubnis erteilen, die vom Vormundschaftsgericht bestätigt werden muss. Diese Genehmigung muss zur Anmeldung mitgebracht werden. Das Vormundschaftsgericht prüft, ob der Minderjährige in der Lage ist, den Betrieb kaufmännisch zu betreiben und ob dies auch in seinem Interesse ist. Bei Genehmigung ist dieser nicht länger beschränkt, sondern voll geschäftsfähig in seiner Tätigkeit. Der Minderjährige kann dann alle Verträge abschließen, selbst wenn er erst 13 Jahre alt ist. Ausgenommen sind Kreditverträge und Prokura, also Generalvollmachten.

Mitgliedschaft bei den Kammern

Als Gewerbetreibender bist du Pflichtmitglied in der Industrie-, Handels- oder Handwerkskammer. Ob dir diese Institutionen als Gründer einen Mehrwert bieten, darfst du selbst beurteilen. Häufig kommen die Gründerberater aus der klassischen Betriebswirtschaft und waren selbst niemals Unternehmer. Als Gründer wirst du schnell in die Standardschablone aus Businessplänen und Kreditfinanzierungen gedrängt. Dieser Ansatz ist heute nur selten erfolgreich, da nicht mehr das Kapital und die Produktion im Vordergrund stehen, sondern das Produkt und der Zugang zum Kunden. Ob der Gründerberater in dem Gründer- und Fördergespräch eine passende Antwort darauf hat, hängt wohl vom einzelnen Berater ab. Das Wissen und die Veränderungen sind heute so rasant, dass permanente Weiterbildung und ein Blick über den Tellerrand Pflicht sind.

Als Gewerbetreibender bist du Pflichtmitglied in der Kammer und musst einen Pflichtbeitrag leisten. Normalerweise musst du als Einzelunternehmer 35 Euro Grundbetrag im Jahr bezahlen und zusätzlich 0,22 Prozent vom Gewerbeertrag. Gründest du eine Kapitalgesellschaft wie die GmbH oder UG, sind es sogar 135 Euro pro Jahr, die du als Grundbetrag leisten musst. Doch es gibt gute Nachrichten! Bei einem Einzelunternehmen oder der Gesellschaft bürgerlichen Rechts kannst du dich für die ersten zwei Jahre komplett vom Grundbetrag und für die nächsten zwei Jahre teilweise von der Umlage befreien lassen. Erwirtschaftest du mit deinem Feierabend-Startup weniger als 5.200 Euro, besteht über die Gründung hinaus eine Befreiung vom Beitrag.

Die Möglichkeiten, wie du dich als Gründer von Beitragszahlungen befreien lassen kannst, sind nach § 3, Absatz 3, Satz 4 des IHK-Gesetzes geregelt.

Alles, was du über die freien Berufe wissen musst

Falls du schon weißt, dass du ein Gewerbe anmelden musst, kannst du diesen Abschnitt einfach überspringen.

Die Statistiken zeigen, dass sich unter den vielen nebenberuflichen Selbstständigen vor allem die Freiberufler befinden. Deswegen werde ich nachfolgend tiefer auf dieses Thema eingehen.

Viele der freien Berufe begründen sich auf besonderen beruflichen Qualifikationen oder auf der Grundlage schöpferischer Begabung. Dies setzt jedoch nicht zwingend ein Studium voraus. Woher deine Kenntnisse stammen, ist zweitrangig, sofern sie wissenschaftlich fundiert sind und dem Status einer Hochschule entsprechen. Aufgrund dieser Kenntnisse können Dienstleistungen besonderer Art hervorgebracht werden. Der Staat gewährt den freien Berufen diese Vorteile, weil sie durch ihre Ausübung höhere Mehrwerte für die Gesellschaft erbringen.

> »Die Freien Berufe haben im Allgemeinen auf der Grundlage besonderer beruflicher Qualifikation oder schöpferischer Begabung die persönliche, eigenverantwortliche und fachlich unabhängige Erbringung von Dienstleistungen höherer Art im Interesse der Auftraggeber und der Allgemeinheit zum Inhalt.«
> § 1 Absatz 2 Partnerschaftsgesellschaftsgesetz – PartGG

Ein Beispiel dafür ist der Arzt, der jemanden heilen kann. Freiberufler haben bei ihrer Arbeit volle Entscheidungsfreiheit. Das unterscheidet sie grundsätzlich von freien Mitarbeitern, mit denen sie oft verwechselt werden. Dabei bezieht sich die freie Mitarbeit auf die Art des Beschäftigungsverhältnisses und die freiberufliche Tätigkeit auf einen Steuerstatus – nämlich, ob du gewerblich oder freiberuflich tätig bist. Die Abrechnungen und Honorare von Freiberuflern sind meist in Gebührenordnungen festgeschrieben. Leistungen müssen nach diesen Tabellen abgerechnet werden, wobei individuelle Multiplikatoren angesetzt werden.

Warum die freien Berufe so attraktiv sind

1. Freiberufler müssen im Gegensatz zu Gewerbetreibenden keine Gewerbesteuer zahlen.
2. Als Freiberufler darfst du größenunabhängig eine einfache Einnahmen-Überschussrechnung erstellen. Diese muss jedoch nicht immer von Vorteil sein. Eine Bilanz ist zwar komplexer, aber die Wahlmöglichkeiten der Bewertung bieten dir einen breiteren Gestaltungsspiel-

raum. Bei manchem Buchhalter könnte man in dem einen oder anderen Fall fast schon von Kreativität sprechen.

Zählt dein Feierabend-Startup zu den freien Berufen, reicht es aus, wenn du dies dem Finanzamt innerhalb eines Monats ab Beginn deiner Tätigkeit mitteilst. Dies ist im § 138 der Abgabenordnung geregelt. Die Meldung kann formlos erfolgen. Daraufhin sendet dir das Finanzamt den steuerlichen Erfassungsbogen zu, den du ordnungsgemäß ausfüllst und zurückschickst. Den steuerlichen Erfassungsbogen lernst du im nächsten Abschnitt kennen. Die finale Entscheidung, ob man wirklich Freiberufler ist oder nicht, trifft das Finanzamt immer unter Vorbehalt. Erst eine spätere Betriebsprüfung kann den Status bestätigen. Was passiert, wenn du angegeben hast, dass du als Freiberufler tätig bist, das Finanzamt bei der Betriebsprüfung aber feststellt, dass du gewerblich tätig warst? Du musst nicht nur Gewerbesteuer nachzahlen, sondern gegebenenfalls auch eine Bilanz sowie eine Gewinn- und Verlustrechnung erstellen.

Warum trifft das Finanzamt keine sofortige Entscheidung? Weil deine Tätigkeit in den meisten Fällen nicht klar abgegrenzt werden kann und sich im Laufe der Zeit verändert. Stell dir vor, du bist freiberuflicher Dozent, schreibst ein E-Book und verkaufst dieses auf deiner Homepage. Der Verkauf an sich ist eine gewerbliche Tätigkeit. Der Betriebsprüfer muss dies in der Nachschau klären. Du kannst vom Finanzamt auch einen Feststellungsbescheid verlangen. Leider ist der Aufwand an vorzulegenden Unterlagen enorm, und das Finanzamt wird sich im Zweifelsfall immer für die gewerbliche Einordnung entscheiden.

Die Einordnung

Die Einordnung ist gesetzlich festgelegt. Die Regelung findest du im § 18 EStG Absatz 1 (Einkommenssteuergesetz). Dort sind folgende drei Gruppen definiert:

- Katalogberufe
- Tätigkeitsberufe
- Ähnliche Berufe

Katalogberufe: Der Klassiker

Die Katalogberufe sind klassische freiberufliche Tätigkeiten wie Ärzte, Dentisten, Rechtsanwälte, Steuerberater, Vermessungsingenieure, Dolmetscher und weitere. Aber auch hier ist Vorsicht geboten. Ein Tierarzt ist in der Ausübung seiner Tätigkeit freiberuflich tätig. Wenn er gleichzeitig jedoch Futtermittel und Arzneien über die Praxis verkauft, ist er gewerblich tätig. Hier kann es zu einer gemischten Tätigkeit kommen. Wenn klar abgrenzbar ist, welcher Teil gewerblich und welcher freiberuflich ist, können zwei getrennte Buchhaltungen implementiert werden. Wenn dies nicht abgrenzbar ist, kann es dazu führen, dass die Einnahmen komplett der Gewerbesteuer unterliegen.

Im Wandel der Zeit entstehen immer wieder neue Dienstleistungen und Berufsbilder. Deswegen hat der Gesetzgeber die Tätigkeitsberufe und die ähnlichen Berufe geschaffen. Sie ähneln den Katalogberufen stark, was den Anspruch an Dienstleistung und Know-how angeht.

Tätigkeitsberufe

Dazu zählen alle Berufe, die wissenschaftliche, schriftstellerische, künstlerische oder unterrichtende Tätigkeiten sind. Hierzu zählen beispielsweise Lehrer, Dozenten und Journalisten. Zu den unterrichtenden Tätigkeiten können auch Fahr-, Reit- oder Musikunterricht gehören.

Ähnliche Berufe

Darunter versteht man die Berufe, die den Katalogberufen stark ähneln. Das können technische und gestalterische Berufe sein, die mit Weiterbildungen vergleichbar sind. Dazu gehören Berufe wie Altenpfleger, Baustatiker, Designer, Fotograf, Grafiker und viele mehr.

Rechtsformen, die für Freiberufler infrage kommen

Bei den Rechtsformen sind wir schon auf die GbR und das Einzelunternehmen eingegangen. Das sind auch die beliebtesten und häufigsten Rechtsformen bei Freiberuflern und können grundsätzlich gewählt werden. An dieser Stelle nochmal Vorsicht wegen der unbeschränkten Haftung. Personenhandelsgesellschaften wie OHG, KG und Kapitalgesellschaften wie GmbH oder UG scheiden für Freiberufler aus. Denn dadurch verlieren sie die Vorteile wie die vereinfachte Buchführung und die Gewerbesteuerfreiheit.

Partnerschaftsgesellschaft

Die Partnerschaftsgesellschaft ähnelt stark der GbR. Auch hier haften alle Gesellschafter gesamtschuldnerisch für die Verbindlichkeiten der Partnerschaftsgesellschaft. Allerdings gibt es eine Ausnahme. Wenn ein Partner mit einem spezifischen Auftrag betraut ist, haftet nur er für die daraus resultierenden Schäden. Dies ist gerade bei Berufen mit hoher Haftung ein beliebtes Modell. Nur das Gründerprotokoll muss vor einem Notar unterzeichnet werden. Der Gesellschaftsvertrag muss nicht zwingend beurkundet werden, unter Umständen kann dies jedoch sinnvoll sein. Des Weiteren muss die Gesellschaft ins Partnerschaftsregister eingetragen werden.

Bürogemeinschaft

In einer Bürogemeinschaft teilen sich verschiedene Selbstständige ein Büro. Dies kann von der Nutzung des Büros bis hin zu dem Teilen von Angestellten, Kopierern und Faxgeräten gehen. Die Bürogemeinschaft ist keine Rechtsform. Es muss erkennbar sein, dass jeder für sich arbeitet, ansonsten entsteht eine gefährliche Nähe zur GbR. Daraus könnten durch die gesamtschuldnerische Haftung Haftungsansprüche entstehen. Ein separates Firmenschild ist auf jeden Fall Pflicht. Bei einer Bürogemeinschaft sind die Kosten für eine Rechtsberatung gut investiertes Geld.

Mitgliedschaften

Die Katalogberufe unterhalten eigene Kammern. Freiberufler, die sich in die Katalogberufe einordnen, sind dort Pflichtmitglied. Wenn du zu den verkammerten Berufen gehörst, musst du dich bei der zuständigen Kammer anmelden. Ohne entsprechende Ausbildung kannst du dort kein Freiberufler werden. Die Kammer prüft nicht nur, ob du die jeweilige berufliche Qualifikation hast, sondern auch, ob du persönlich und fachlich geeignet bist. Oftmals musst du zusätzlich ein Führungszeugnis und eine Berufshaftpflichtversicherung vorlegen. Kammern haben eigene Versorgungswerke, die nicht nur die Altersvorsorge sicherstellen, sondern dir bei Berufsunfähigkeit auch eine entsprechende Rente auszahlen. Der Vorteil der Versorgungswerke ist, dass diese kapitalgedeckt und nicht umlagefinanziert sind wie die gesetzliche Rentenversicherung. Allerdings sehen sich die Versorgungswerke angesichts der Niedrigzinsphase auch hier großen Herausforderungen ausgesetzt. Anders als »normale Selbstständige« bist du im Versorgungswerk pflichtversichert und kannst nur deine zusätzliche Altersvorsorge frei gestalten.

Du bist Künstler? Komm in die Künstlersozialkasse

Künstler gerieten in der Vergangenheit oftmals in Altersarmut und mussten dann vom Staat finanziert werden. Aus diesem Grund sind Künstler und Publizisten in der Künstlersozialkasse pflichtversichert. Diese wurde erstmalig im Jahr 1983 eingeführt. Die Künstlersozialkasse zieht Renten-, Kranken- und Pflegeversicherungsbeiträge ein und führt diese an die zuständige gesetzliche Rentenversicherung sowie Pflege- und Krankenkassen ab. Der Vorteil bei der Künstlersozialkasse besteht darin, dass die Künstler vom Staat mit 50 Prozent bezuschusst werden. Bei deinem Hauptjob übernimmt dies dein Arbeitgeber für dich. Der Staat erhebt von Rundfunkanstalten und Verlagen eine sogenannte Künstlerabgabe, mit der die Beiträge zur Künstlersozialkasse finanziert werden. Im sogenannten Künstlerkatalog kannst du nachschauen, ob du bei der Künstlersozialkasse Pflichtmitglied bist. Freiberufler werden hier besonders behandelt.

Mach dich bekannt! Aber wie?

Nicht jede Werbung ist für Freiberufler zulässig. Besonders, wenn du den verkammerten Berufen angehörst und beispielsweise Arzt oder Rechtsanwalt bist, werden hohe Anforderungen an die Werbezulässigkeit gestellt. Eine Abmahnung flattert dir schneller in den Briefkasten, als dir lieb ist. Wenn du Werbung schalten willst, solltest du dich vorher mit der Kammer kurzschließen, um Bußgelder und Abmahnungen zu verhindern. So dürfen beispielsweise Anzeigen keine Preise enthalten, sondern lediglich Informationen wie Urlaub oder Öffnungszeiten. Auch der Flyer oder Internetauftritt sollte nicht allzu werblich gestaltet sein, sondern sich auf die sachlichen Informationen der Tätigkeit beschränken. Damit soll der Eindruck verhindert werden, dass bei dir das Geldverdienen im Vordergrund steht. Vergiss nicht, dass du als Freiberufler Mehrwerte schaffen sollst.

Buchhaltung und Steuer

Ich kann mich noch gut an die Anfänge meiner Buchhaltung erinnern. In einem Schuhkarton sammelte ich alle Belege, Rechnungen und Dokumente bis zum Ende des Jahres. Während alle anderen Weihnachten feierten, musste ich in einem fünftägigen Marathon sämtliche Belege kopieren und meine Steuererklärung machen. Ich konnte mir zu dieser Zeit keinen Steuerberater leisten und wusste leider nicht, dass es auch günstige Dienstleister gibt, die mir die Buchhaltung abnehmen.

Mit ein wenig Disziplin ist es auch in Eigenregie möglich, entspannt dem Jahresende entgegenzusehen, aber auch hier solltest du intelligent in Komponenten denken. Grundsätzlich gibt es zwei wichtige Gesetzeswerke in Deutschland, die für Unternehmer in Bezug auf Buchhaltung und Steuer relevant sind: das Handelsgesetzbuch (HGB) und die Abgabenordnung (AO), das elementare Gesetzeswerk des deutschen Steuerrechts. Die Vorschriften des HGBs gelten nur für Kaufleute und nicht für Kleingewerbetreibende.

Was ist ein Kleingewerbetreibender?

Kleingewerbetreibende können ausschließlich unter den beiden folgenden Rechtsformen firmieren: Einzelunternehmen oder GbR. Kapitalgesellschaften und Personenhandelsgesellschaften können keine Kleingewerbetreibenden sein.

Folgende Voraussetzungen können in der Summe zum Handelsgewerbe führen, auch wenn unter einem Einzelunternehmen oder unter einer GbR firmiert wird:

- ❒ Ist der durchschnittliche Jahresumsatz höher als 250.000 Euro?
- ❒ Wird das Gewerbe haupt- oder nebenberuflich betrieben?
- ❒ Woher kommen die Einnahmen für den Lebensunterhalt?
- ❒ Werden sozialversicherungspflichtige Arbeitnehmer beschäftigt?
- ❒ Ist das Produkt-/Leistungsangebot komplex?

Stell dir vor, zwei deiner Freunde haben ein kleines Restaurant eröffnet. Der Jahresumsatz beträgt 50.000 Euro. Die Geschäftsstrukturen sind nicht sonderlich komplex, und beide üben die Beschäftigung im Nebenerwerb aus. In diesem Fall spricht alles für ein Kleingewerbe. Nachdem der Erfolg nicht ausgeblieben ist, möchten die beiden ein Franchisesystem aufsetzen. Nach einiger Zeit haben die beiden bereits mehrere Franchisenehmer, die den zentralen Einkauf und sämtliche Logistikprozesse über die beiden Franchisegeber abwickeln. Dabei erwirtschaften deine beiden Freunde einen Jahresumsatz von 300.000 Euro und sind längst zu einem Vollerwerb gewechselt. Zu diesem Zeitpunkt spricht alles dafür, dass es sich bei den beiden um Kaufleute handelt. Was kommt nun auf die beiden zu? Sie müssen ihre Rechtsform ändern, von der ursprünglichen GbR auf eine OHG umfirmieren, sich ins Handelsregister eintragen lassen und die Vorschriften des Handelsgesetzbuches anwenden.

Vorteile für Kleingewerbetreibende

Das Handelsgesetzbuch beinhaltet eine Vielzahl von Vorschriften, die mit einem hohen administrativen Aufwand und Kosten von mindestens 1.500 Euro pro Jahr verbunden sind: Die Aufstellung einer Inventarliste, die doppelte Buchführung (Erstellung einer Bilanz und einer Gewinn- und Verlustrechnung), das kaufmännische Bestätigungsschreiben (ein Geschäftsbrief gilt als anerkannt, sofern ihm nicht widersprochen wird) sowie die Veröffentlichung von Jahresabschlüssen im Bundesanzeiger. Nun die gute Nachricht: Kleingewerbetreibende sind keine Kaufleute und müssen die Vorschriften aus dem HGB nicht beachten. Somit sparst du dir nicht nur jede Menge Nerven, sondern auch Zeit und Geld. Wenn ich also in den nächsten Abschnitten mit dem HGB drohe, dann nur für denjenigen, der kein Einzelunternehmen oder GbR als Rechtsform gewählt hat.

Aufbewahrungsfrist nach § 257 HGB und § 147 AO

Nach § 257 HGB bist du dazu verpflichtet, Unterlagen aufzubewahren. Der § 147 AO gilt analog und regelt die Aufbewahrungsfristen. Generell sind zehn Jahre für Rechnungen und Abschlüsse und sechs Jahre für Angebote und Schriftverkehr vorgesehen. Thermobelege, wie du sie in Restaurants und beim Einkauf bekommst, sollten kopiert werden, da diese in der Regel nach zwei Jahren verblassen und nicht mehr gut lesbar sind.

Kleinunternehmer und die Umsatzsteuer

Die Kleinunternehmerregelung kannst du in Anspruch nehmen, wenn du unmittelbar nach der Gründung auf dem steuerlichen Erfassungsbogen das Wort »Kleinunternehmerregelung« angekreuzt hast. Wenn du Regelunternehmer gewählt hast, kannst du für fünf Jahre nicht mehr wechseln.

Als Kleinunternehmer musst du keine Umsatzsteuer ausweisen und sparst somit Arbeit. Wenn deine Kunden Endverbraucher sind, sparen sie sogar 19 Prozent Mehrwertsteuer, was einen schönen Rabatt ergibt. Da sich Firmen die Umsatzsteuer als Vorsteuer zurückholen, ist es ihnen egal, ob du Regel- oder Kleinunternehmer bist. Hat die Kleinunternehmerregelung auch Nachteile? Ja, denn du kannst dir die Umsatzsteuer, die du bezahlst, nicht erstatten lassen.

Beispielsweise werden für einen PC, der 1.000 Euro netto kostet, 190 Euro Mehrwertsteuer fällig. Du musst dafür also 1.190 Euro brutto bezahlen. Diese 190 Euro kannst du dir als Regelunternehmer zurückholen. Gerade bei hohen Anfangsverlusten und Investitionen kann der Status Regelunternehmer vorteilhaft sein.

Buchführungspflichten und Jahresabschluss

Wenn du als Feierabend-Startup weder GbR noch Einzelunternehmen gewählt hast, sondern eine GmbH, OHG, KG oder UG, kommen hier umfangreiche Aufgaben auf dich zu. Du musst dann jedes Jahr eine Bilanz und Gewinn- und Verlustrechnung erstellen. Nach § 238 HGB bist du verpflichtet, Bücher zu führen. Ein Dritter muss sich mit deren Hilfe in angemessener Zeit in deine Geschäftsvorfälle und in die Lage deines Vermögens einarbeiten können. Für die Führung der Handelsbücher gibt es in den §§ 238 – 240 HGB eine klare Anweisung, bei der du als Gründer bereits beim Lesen ins Schwitzen kommen kannst. Deine Bücher nach den Grundsätzen der ordnungsmäßigen Buchführung zu führen, kann eine echte Herausforderung sein. Hier siehst du, dass es die HGB-Vorschriften in sich haben.

Als Einzelunternehmer oder als GbR mit einem Umsatz von mehr als 600.000 Euro oder mehr als 60.000 Euro Gewinn bist du auch generell zur doppelten Buchführung verpflichtet (§ 141 AO). Bleibst du unter den Grenzwerten, kannst du eine einfache Einnahmen-Überschuss-Rechnung erstellen. Es handelt sich um eine vereinfachte Form des Abschlusses. Hier gibt es anders als bei einer Bilanz keinen festen Aufbau. Im Prinzip kannst du diese mit einem Kugelschreiber auf einem Blatt Papier erstellen. Einfach alle Einnahmen minus alle Ausgaben und Abschreibungen.

Besteht Buchführungspflicht, lohnt sich aus meiner Sicht, einen Steuerberater oder Buchhalter zu beauftragen. Allerdings haben diese Dienstleister ihren Preis und können auf der Kostenseite einen großen Unterschied machen. Steuerberater genießen einen gewissen Staatsschutz und rechnen nach Gebührenordnungen zu feststehenden Preisen ab. Selbst wenn der Azubi die Belege kopiert und ordnet, können für eine Stunde 75 Euro in Rechnung gestellt werden. Nicht zu vergessen die Pauschale von 15 Euro netto, die für Post und Telekommunikation berechnet wird. Das Honorar für eine Steuerberatung wird nach der Steuerberatervergütungsverordnung (StBVV) abgerechnet. Grundlage ist meist der Gegenstandswert oder der Zeitfaktor. Aber auch hier gibt es die Möglichkeit, das 2-,3- oder 4-Fache abzurechnen, ähnlich wie beim Zahnarzt. Dies hat mir meine erste Steuerberaterin leider nicht transparent gemacht. Es lohnt sich auf jeden Fall, nachzuhaken.

Ich empfehle dir, deine laufende Buchhaltung mit einem freien Buchhalter aufzubauen oder in Eigenregie. Ein Buchhalter hat individuelle, verhandelbare Stundensätze. Ein Richtwert für den Stundenlohn sind 30 bis 45 Euro je Stunde, exklusive Umsatzsteuer. Die Qualität kann variieren, da der Begriff Buchhalter an sich keine geschützte Berufsbezeichnung ist, es sei denn, er hat weitere Zusätze im Namen. Prüfe genau, ob der Buchhalter wirklich die Zeit und das Können hat, deine Buchhaltung vernünftig vorzubereiten. Ideal wäre ein geprüfter Bilanzbuchhalter oder Steuerfachangestellter, da dieser eine adäquate Ausbildung durchlaufen hat. Dem Buchhalter gibst du einmal im Monat die kopierten Thermobelege, Rechnungen, Einnahmen und sonstigen Geschäftsvorfälle in einem Ordner mit, und er bereitet sie für dich auf. Auch hier ist es wichtig, akkurat vorzubereiten. Am Anfang war ich beispielsweise bequem und hab mir meine Thermobelege vom Buchhalter kopieren lassen, bis ich die Rechnung dafür gesehen habe. Ab da habe ich es selbst gemacht.

Ein Überblick über das, was du erstellen musst

Einzelunternehmen oder GbR:

- ❒ Einnahmen-Überschuss-Rechnung für das Gewerbe
- ❒ Umsatzsteuererklärung (falls du Regelunternehmer bist)
- ❒ Gewerbesteuererklärung (trotz Freibetrag von 24.500 Euro ist eine Erklärung notwendig)
- ❒ Lohnsteuer (falls Arbeitnehmer vorhanden sind)
- ❒ Gewinne werden in der Steuererklärung des Gesellschafters mit dem persönlichen Steuersatz belastet

Personenhandelsgesellschaften:

☐ Bilanz
☐ Gewinn- und Verlustrechnung
☐ Gewerbesteuererklärung
☐ Umsatzsteuererklärung (falls du Regelunternehmer bist)
☐ Lohnsteuer (falls Arbeitnehmer vorhanden sind)
☐ Gewinne werden in der Steuererklärung des Gesellschafters mit dem persönlichen Steuersatz belastet

Kapitalgesellschaften wie UG und GmbH:

☐ Bilanz
☐ Gewinn- und Verlustrechnung
☐ Körperschaftssteuererklärung (Kapitalgesellschaften)
☐ Umsatzsteuererklärung (falls du Regelunternehmer bist)
☐ Lohnsteuer (falls Arbeitnehmer vorhanden sind)
☐ Gewinne aus Kapitalgesellschaften: Die Abgeltungssteuer auf die Ausschüttung beträgt 25 Prozent plus Solidaritätszuschlag und ggf. Kirchensteuer

Ein Beispiel: Nehmen wir an, du bist Single, hast keine Kinder, bist nicht in der Kirche und hast im Jahr 2016 in deinem Hauptjob 30.000 Euro brutto verdient. Als Einzelunternehmer hast du 40.000 Euro Umsatz erwirtschaftet, beispielsweise mit dem Verkauf von T-Shirts. Ein Jahr zuvor hast du 15.000 Euro Umsatz gemacht. Du hast dein Gewerbe am 01.01.2015 angemeldet.

Punkt 1: Falls du die Kleinunternehmerregelung gewählt hast, bist du im Jahr 2017 Regelunternehmer.

Punkt 2: Von deinem Umsatz in Höhe von 40.000 Euro kannst du Betriebsausgaben und Abschreibungen abziehen. Wenn du beispielsweise 20.000 Euro Betriebsausgaben nachweisen kannst, beträgt dein Gewinn nur noch 20.000 Euro.

Punkt 3: Die Versteuerung wird mit deinem persönlichen Steuersatz vorgenommen. Dies ist Fluch und Segen zugleich. Bei deinem Feierabend-Startup ist zwar durch das Gehalt deines Hauptjobs eine solide Basis vorhanden, allerdings existiert in Deutschland ein progressives Steuersystem. Jeder Euro, den du dazuverdienst, wird höher besteuert. Es gibt einen Grundfreibetrag von 8.652 Euro jährlich (Stand 2016). Dieser ist durch deinen Haupterwerb meist schon völlig ausgeschöpft.

Unter www.bmf-steuerrechner.de kannst du dein Einkommen eingeben und sehen, wie viel Steuer du auf dein Gehalt zahlen musst. Zu deinem Gehalt kannst du dann den Gewinn hinzuaddieren und den neuen Wert nochmal eingeben. Für den Lohn von 30.000 Euro hat dein Arbeitgeber schon 5.768,74 Euro Lohnsteuer inklusive Solidaritätszuschlag abgeführt. Wegen der Lohnsteuer und der Sozialabgaben ist dein Nettogehalt so niedrig. Wenn noch 20.000 Euro Gewinn hinzukommen, sind es 13.330,98 Euro Steuer inklusive Solidaritätszuschlag.

Ziehen wir von den 13.330,98 Euro die 5.768,74 Euro ab, die schon geleistet wurden, so bleibt immerhin der stolze Betrag von 7.562,24 Euro, der ans Finanzamt abgeführt werden muss. In diesem Beispiel siehst du, dass du bei 40.000 Euro Umsatz (20.000 Euro Betriebsausgaben und 20.000 Euro Gewinn) 7.562,24 Euro für die Steuer zurücklegen musst. Und jetzt kommt der Hammer: Das Finanzamt will den gleichen Wert als Vorauszahlung für 2018 haben, auch wenn du erst Ende 2017 deine Steuer gemacht hast. Bitte bedenke, wann du deine Einkommensteuererklärung abgibst und Reserven bildest. Eine Stundung der Einkommensteuer ist nur sechs Monate möglich, und ein umfangreicher Fragebogen muss ausgefüllt werden. Alles in allem unangenehm und zeitintensiv.

Punkt 4: Jede Rechnung oder Betriebsausgabe ist bares Geld, denn auf deine Ausgaben musst du keine Steuern zahlen. Sammle also immer alle Belege und bewahre diese gut auf. Betriebsausgaben sind die Ausgaben, die durch deinen Betrieb veranlasst wurden. Der Begriff ist sehr weit gefasst. Allerdings solltest du es mit der Interpretation nicht übertreiben, da das Finanzamt die Verhältnismäßigkeit deiner Angaben prüft. Einen Porsche zu kaufen, wenn du im letzten Jahr 1.000 Euro Umsatz gemacht hast, erscheint unverhältnismäßig. Auch zu viele Bewirtungen sind kritisch zu betrachten. Dem Unternehmer werden immer 30 Prozent als Privatanteil angerechnet. Bei Rechnungen über 150 Euro muss dein Unternehmen auf der Rechnung genannt werden. Bei Bewirtungsbelegen muss der Wirt unterschreiben und am besten einen Stempel drauf machen. Manche gehen so weit, dass sie ihre Visitenkarte auf den Beleg stempeln lassen. Bei Bewirtungsbelege müssen natürlich auch der Zweck und die bewirteten Personen stehen.

4 Dinge, die du beim Rechnungstellen beachten musst

- Gib die komplette und korrekte Rechnungsanschrift sowie deine Anschrift als Versender an.
- Achte darauf, dass deine Steuernummer auf deiner Rechnung steht. Wenn du diese noch nicht hast, kannst du das Aktenzeichen vom steuerlichen Erfassungsbogen, auf den ich im nächsten Abschnitt eingehe, angeben. Gib am besten die Umsatzsteuer-ID an, da diese gleichbleibt. Die Steuernummer ändert sich nämlich bei Umzug und Wechsel der Zuständigkeit des Finanzamtes.
- Verwende eindeutig fortlaufende Rechnungsnummern. Das Finanzamt will sehen, dass deine Einnahmen vollständig sind.
- Weise bei Regelunternehmen die Umsatzsteuer aus. Es gibt verschiedene Umsatzsteuersätze. Bei Nahrung sind es 7 Prozent und bei Dienstleistungen 19 Prozent.

Wichtig ist, dass du auch alle eingehenden Rechnungen auf Vollständigkeit prüfst, bevor du sie bezahlst.

Als ich vor 10 Jahren in die Selbstständigkeit startete, wusste ich diese Dinge nicht. Ich musste rückwirkend alle Rechnungen ändern, was mich eine gute Woche Zeit gekostet hat. Meine Empfehlung ist, ein Softwareprogramm zu nutzen. Ich habe gute Erfahrungen mit »Fastbill« gemacht. Du bezahlst 5 Euro im Monat und kannst Angebote schreiben, Rechnungen erstellen und Mahnungen verschicken. Fastbill ist optisch ansprechend und gut gestaltet. Eine kostenlose Alternative ist »sev-Desk«. Ich finde die Menüführung nicht gleichwertig, aber es reicht aus. Allerdings gilt auch hier: Die Nutzung dieser Tools erfolgt auf eigenes Risiko.

Organisation deiner Buchhaltung

Wie schaffst du es, den Überblick über deine Buchhaltung zu bewahren? Beschaffe dir einen großen Ordner mit einem Register und beschrifte die Reiter wie folgt:

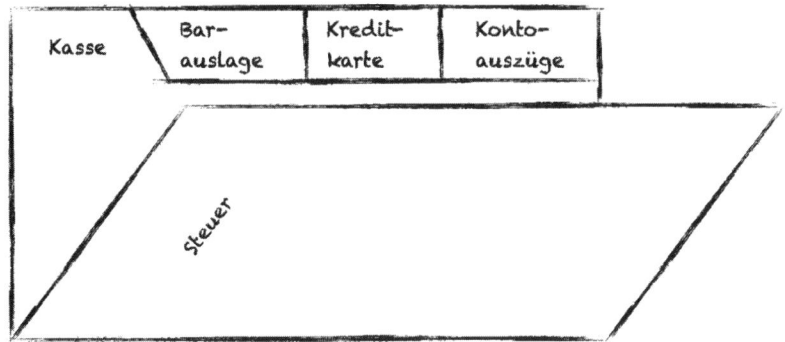

Die Rechnungen sollten direkt hinter den Kontoauszügen geordnet werden. Somit muss der Betriebsprüfer, der in deinem Feierabend-Startup alle paar Jahre die Buch- und Jahresabschlussprüfungen durchführt, nicht suchen und ist schnell wieder weg. Gewöhne dir an, nach jeder Bestellung die dazugehörige Rechnung auszudrucken. Im Nachhinein ist es schwierig, Belege zu finden. Der Buchhalter kann für dich auch die Umsatzsteuermeldung vorbereiten, die du nur noch unterschreiben musst. Die ist aber nicht notwendig, wenn du die Kleinunternehmerregelung wählst. Alles in allem eine komfortable Lösung.

Steuerlicher Erfassungsbogen

Den steuerlichen Erfassungsbogen gehe ich hier im Detail durch. Wenn du schon »ready for takeoff« bist, sprich dein Gewerbe bereits angemeldet hast, kannst du ihn ausdrucken und jetzt parallel zum Lesen ausfüllen. Wenn das nicht der Fall ist, empfehle ich dir, diesen Abschnitt zu überspringen und ihn dir später vorzunehmen.

Bei deinem Nine-to-Five-Job hast du mit lästigen steuerlichen Angelegenheiten höchstens einmal im Jahr bei deiner Einkommensteuererklärung zu tun. Doch wie sieht es aus, wenn du dich nebenberuflich selbstständig machst?

Egal für welche Gesellschaftsform du dich entscheidest, das »Formular zur steuerlichen Erfassung«, wie es offiziell betitelt wird, muss ausgefüllt werden. Wenn du den Begriff bei Google eingibst, kannst du es dir von der Seite des Bundesfinanzministeriums herunterladen. Wenn das Finanzamt deine Gewinnerzielungsabsicht anerkennt, wird es dir eine Steuernummer zuteilen. Die Herausforderung beim steuerlichen Erfassungsbogen ist, dass er für jedes Gewerbe, jeden Beruf und sämtliche Gesellschaftsformen verwendet wird. Deswegen wird in diesem Dokument mit vielen verschiedenen Paragraphen »jongliert«, zum Beispiel wird beim Punkt 7.11 das Mini-One-Stop-Shop-Verfahren genannt. Wenn du elektronische Dienstleistungen wie den Verkauf von E-Books anbietest, kann dieser Punkt relevant werden. Lediglich für Kapitalgesellschaften gibt es ein abgewandeltes Formular.

Lass dich davon nicht verunsichern! Gehen wir nun gemeinsam die Punkte und Abfragefelder des steuerlichen Erfassungsbogens durch:

Auf Seite 1 und 2 des Bogens (Punkt 1.1 – 1.5) geht es um deine persönlichen Daten, um Lebens- oder Ehepartner, um Kommunikationsverbindungen, die Art deiner Tätigkeit und deine Bankverbindungen für Steuererstattungen oder Steuerschulden. Des Weiteren wird unter Punkt 1.6 nach einer steuerlichen Beratung gefragt. Eine solche ist grundsätzlich empfehlenswert, wenn auch mit Kosten von bis zu 150 Euro pro Stunde netto verbunden. Auf Seite 3 geht es unter Punkt 1.7 um Empfangsbevollmächtigte. Unter Punkt 1.8 werden Infos zu den bisherigen Geschäftsverhältnissen abgefragt.

Punkt 2 fordert von dir Angaben zur Tätigkeit, beim Punkt 2.1 musst du die Anschrift deines Unternehmens eintragen. Auf Seite 4 wird unter dem Punkt 2.2 nach dem Beginn deiner Tätigkeit und unter Punkt 2.3 nach den Betriebsstätten deines Unternehmens gefragt.

Punkt 2.4 fragt die Kammerzugehörigkeit ab. Wenn du ein Gewerbe anmeldest, wirst du Pflichtmitglied in der Industrie-, Handels- oder Handwerkskammer. In welche Kammer du gehörst, kannst du ganz einfach im Ausschlussverfahren feststellen. Wenn du kein Handwerker (Handwerkskammer) bist und keinen Industriebetrieb (Industriekammer) aufbauen möchtest, wirst du in der Handelskammer landen. Die meisten Feierabend-Startups wie Onlineshops, Restaurants oder Agenturen sind Pflichtmitglied in der Handelskammer.

Unter Punkt 2.5 muss der Handelsregistereintrag angegeben werden. Ein Eintrag im Handelsregister ist jedoch nur beim eingetragenen Kaufmann (e.K.), der OHG, KG, UG, GmbH oder AG notwendig. Als GbR und Einzelunternehmer kannst du hier Nein ankreuzen. Unter Punkt 2.6 musst du Angaben zur Gründungsform machen, sofern du eine Gesellschaft gegründet hast. Auf Seite 5 wird im Punkt 2.7 danach gefragt, ob du schon einmal selbstständig warst oder eine Beteiligung an einer Gesellschaft hattest.

Punkt 3 hat es in sich. Hier musst du deine Einnahmen aus nichtselbstständiger Arbeit angeben, also die Einnahmen aus deinem Angestelltenverhältnis oder den Beamtensold. Im Jahr der Betriebseröffnung und im Folgejahr wird sich hier nicht viel ändern. Wenn du ein Gewerbe angemeldet hast, musst du beim Gewerbe im Feld 113 oder als Freiberufler im Feld 114 deine Einkünfte schätzen. Wenn du beide Einkunftsarten vorzuweisen hast, musst du auch beide eintragen.

Wenn du im steuerlichen Erfassungsbogen zu hohe Werte schätzt, kann es sein, dass das Finanzamt von dir eine Vorauszahlung auf die Einkommensteuer verlangt. Auf der anderen Seite darfst du auch nicht zu wenig angeben, weil dir das Finanzamt sonst unterstellen könnte, gar keine Gewinnerzielungsabsichten zu haben. Ich habe damals bei meinem steuerlichen Erfassungsbogen gewerbliche Einnahmen von 10.000 Euro im ersten Geschäftsjahr und 15.000 Euro im Folgejahr eingetragen. Hier ist nicht der Umsatz gemeint, sondern der Gewinn. Falls du Mieteinnahmen erhältst, sind diese im Feld 117, Einkünfte aus Kapitalvermögen im Feld 116 anzugeben.

Beim Punkt 4 geht es um die Gewinnermittlung. Viele Gründer von Feierabend-Startups nutzen die Einnahmen-Überschuss-Rechnung.

Im Feld 125 wird nach einem abweichenden Wirtschaftsjahr gefragt. Damit ist ein Geschäftsjahr gemeint, das nicht dem Kalenderjahr entspricht. Dieser Fall tritt häufig bei Land- und Forstwirten auf, die meistens ein Wirtschaftsjahr vom 1. Juli bis zum 30. Juni haben.

Punkt 5 betrifft die Freistellungsbescheinigung nach 48 b Einkommenssteuergesetz. Falls du ein Baugewerbe planst, empfehle ich dir dringend einen Steuerberater. Der Steuerabzug soll der Bekämpfung illegaler Betätigungen im Baugewerbe dienen und ist vom Leistungsempfänger einzuhalten, es sei denn, du hast eine Freistellungsbescheinigung. Falls du Arbeitnehmer beschäftigst, kannst du unter Punkt 6 Angaben zur Lohnsteuer machen. Da ein Feierabend-Startup selten mit Angestellten aufgebaut wird, verzichte ich hier auf weitere Ausführungen.

Auf Seite 6 geht es beim Punkt 7 um die Umsatzsteuer. Punkt 7.1 fragt den geschätzten Gesamtumsatz im Gründungsjahr und im Folgejahr ab. Die Kleinunternehmerregelung (Punkt 7.3) greift bei weniger als 17.500 Euro Umsatz im Vorjahr und weniger als 50.000 Euro im laufenden Geschäftsjahr. Hier ist Vorsicht geboten! Die Regelung mit den 50.000 Euro gilt nicht im Gründungsjahr. Außerdem werden die 17.500 Euro immer auf das volle Jahr angerechnet.

Angenommen, du meldest dein Feierabend-Startup im Dezember an und machst im ersten Jahr 3.000 Euro Umsatz, dann wird dieser Wert auf das gesamte Jahr hochgerechnet, was eine Summe von 36.000 Euro ergibt. Somit kannst du keine Kleinunternehmerregelung in Anspruch nehmen. Der Nachteil ist, dass du nun Regelunternehmer bist und dazu verpflichtet bist, jeden Monat deine Umsatzsteuer an das Finanzamt abzuführen. Daran bist du fünf Jahre gebunden.

Wenn du beim Punkt 7.1 deine Umsätze auf über 17.500 Euro schätzt, bist du sofort umsatzsteuerpflichtig. Punkt 7.4 betrifft Organschaften. Hier musst du zum Beispiel deine Tätigkeiten als Vorstand angeben.

Punkt 7.5 betrifft umsatzsteuerbefreite Umsätze nach § 4 UStG. Beispielsweise ist die Vermittlung von Finanzierungen oder Versicherungen umsatzsteuerbefreit. Im § 4 UStG finden sich noch andere Leistungen, die umsatzsteuerbefreit sind. In diesen Fällen darfst du auf der Rechnung keine Mehrwertsteuer ausweisen, unabhängig davon, ob du Klein- oder Regelunternehmer bist. Es besteht dann auch keine Möglichkeit, die Vorsteuer zurückzubekommen.

Unter Punkt 7.6 wird nach dem ermäßigten Steuersatz gefragt. Die Erhebung des ermäßigten Umsatzsteuersatzes von 7 Prozent kommt dann zum Tragen, wenn du beispielsweise Lebensmittel, Babynahrung oder Theaterkarten verkaufst. Die Leistungen, die darunterfallen, kannst du dir im § 12 Absatz 2 des Umsatzsteuergesetzes anschauen. Wählst du die Kleinunternehmerregelung, musst du diese Regelung nicht beachten, da du keine Umsatzsteuer ausweisen kannst.

Punkt 7.7 erfragt die beabsichtigte Verwendung des Durchschnittssteuersatzes, der besonders in der Land- und Forstwirtschaft Anwendung findet. Land- und Forstwirtschaft dürfen die Durchschnittssatzbesteuerung gemäß des § 24 UStG anwenden und, abweichend von der Regelbesteuerung, ermäßigte Steuersätze und Vorsteuersätze nutzen.

Punkt 7.8 fragt nach der Soll- oder Ist-Versteuerung. Dies betrifft die Umsatzsteuer bzw. den Zeitpunkt, wann du die Umsatzsteuer melden musst. Als Gründer kannst du die Ist-Versteuerung beantragen, wenn deine Umsätze im Gründungsjahr die Höhe von 500.000 Euro nicht übersteigen. Die Ist-Versteuerung hat den Vorteil, dass du die Umsatzsteuer erst dann abführen musst, wenn deine von dir gestellten Rechnungen bezahlt wurden. Bei der Soll-Versteuerung musst du in dem Moment Umsatzsteuer abführen, indem du die Rechnung stellst. Die Soll-Versteuerung kann dich also Liquidität kosten, da Geld abgeführt wird, das noch gar nicht auf deinem Konto ist.

Wenn du Regelunternehmer bist, beantragst du mit der Gewerbeanmeldung eine Umsatzsteuer-ID. Diese wird unter Punkt 7.9 erfragt. Der

Vorteil daran ist, dass sich diese Nummer nicht mehr ändert. Anders ist es mit der Steuernummer. Diese ändert sich, sobald du in einen anderen Verwaltungsbezirk oder in eine andere Stadt ziehst, da sich die Zuständigkeit des Finanzamtes ändert.

Punkt 7.10 ist nur für Gebäudereinigungsdienstleister und Baudienstleistungen wichtig. Sollte dich dieser Punkt betreffen, empfehle ich dir ausdrücklich, einen Steuerberater aufzusuchen.

Das vorher schon erwähnte Mini-One-Stop-Shop-Verfahren findest du unter Punkt 7.11. Dieses Verfahren ist wichtig, wenn du mit digitalen Gütern wie E-Books handelst oder elektronische Dienstleistungen anbietest. Wann ist das Mini-One-Stop-Shop-Verfahren sinnvoll? Wenn du dein E-Book nicht nur in Deutschland kostenpflichtig anbietest, sondern auch an Personen vertreibst, die ihren Wohnsitz in der EU haben. Du bist nämlich dafür verantwortlich, auf deine digitalen Produkte den jeweiligen Mehrwertsteuersatz zu erheben.

In Österreich beträgt der Mehrwertsteuersatz beispielsweise 20 Prozent, in Spanien 21 Prozent. Nutzt du das Mini-One-Stop-Shop-Verfahren nicht, müsstest du diese Umsatzsteuer eigentlich überall anmelden, wo du dein E-Book verkaufst, in diesem Fall in Österreich und in Spanien. Mit dem Mini-One-Stop-Shop-Verfahren meldest du dich dagegen einmalig beim Bundeszentralamt für Steuern an und kannst dort über ein elektronisches Portal die Steuern, die in anderen EU-Ländern anfallen, abführen. Für dein Feierabend-Startup empfehle ich dir, im ersten Schritt ausschließlich in Deutschland tätig zu werden. Das Mini-One-Stop-Shop-Verfahren gilt nicht im B2B-Bereich. In deinem Onlineshop kannst du festlegen, aus welchem Land dein Produkt bezogen werden kann. Alternativ kannst du Dienste und Tools wie Digistore oder Taxdoo nutzen, die die Umsatzsteuer direkt erheben und an das entsprechende Land abführen. In der folgenden Aufzählung findest du einen Auszug elektronischer Dienstleistungen, die vom Mini-One-Stop-Shop-Verfahren betroffen sind:

❏ E-Books
❏ Websites

- Webhosting
- Fernwartung
- Datenbanken, Fernunterrichtsleistungen
- Filme und Spiele
- Musik
- Onlineversteigerungen
- Internet-Servicepakete

Für nichtdigitale Güter kannst du das Verfahren nicht nutzen und musst kompliziert die Umsatzsteuer in das Konsumentenland abführen. Allerdings gelten für die meisten EU-Länder Lieferschwellen von mindestens 36.000 Euro. Bis zu diesem Wert kannst du die deutsche Umsatzsteuer dem EU-Kunden in Rechnungen stellen. Die Lieferschwelle gilt pro Land und nur in der EU. Überschreitest du die Lieferschwelle, wird es ohne Support wirklich schwer.

Nun haben wir es fast geschafft. Punkt 8 betrifft dich nur, wenn du dich an einer Personengesellschaft bzw. Personengemeinschaft beteiligen möchtest. Jetzt musst du den ausgefüllten steuerlichen Erfassungsbogen nur noch unterschreiben, Ort und Datum hinzufügen, und dann geht es ab zur Post!

Ich hoffe, ich konnte dir mit den wichtigsten Infos zum Thema Steuern einen ersten Überblick verschaffen. Eine fallbezogene Beratung darf in Deutschland natürlich nur der Steuerberater oder ein Anwalt für Steuerrecht leisten.

Versicherungen, Schutz und Vorsorge

Wenn du ein Feierabend-Startup hast, brauchst du von deinem Gewinn keine Abgaben für die Sozialversicherungen zu leisten. Beiträge zum Sozialversicherungssystem zahlst du nur auf das Gehalt deines Haupterwerbs oder freiwillig für dein Nebengewerbe. Unser Kranken- und Rentenversicherungssystem wurde Ende des 19. Jahrhunderts eingeführt und beruht auf den Bestrebungen von Otto von Bismarck. Der damalige Reichskanzler führte im Jahr 1883 die Krankenversicherung ein, nur ein Jahr später trat sie in Kraft.

Grundsätzlich sind solche solidarischen Systeme gut. Leider haben diese Systeme im heutigen Zeitalter große Probleme. Gründe dafür sind der demografische Wandel, die steigende Lebenserwartung, stagnierende Lohnentwicklungen und ein immer späterer Berufseintritt. Durch Letzteren fließen erst später wichtige Beiträge in die Sozialversicherung. Manche behaupten, dass die Sozialsysteme an allen Ecken bröckeln. Damals war die Lebenserwartung wesentlich geringer. Meistens brauchte die Rentenversicherung nur für einen kurzen Zeitraum eintreten und finanzierte für etwa zwei Jahre die Rente eines Beitragszahlers. Heute beträgt die Rentenbezugsdauer etwa 18 Jahre. Für die allgemeine Rentenversicherung wird gegenwärtig ein Beitragssatz von 18,7 Prozent (Stand 2016) auf die beitragspflichtigen Einnahmen erhoben, die bis zu einer Beitragsbemessungsgrenze eingezogen werden. Diesen Betrag teilen sich Arbeitnehmer und Arbeitgeber jeweils zur Hälfte.

In der aktuellen Rentendiskussion geht es auch um die Höhe deines Rentenanspruchs. Wenn du das Renteneintrittsalter von derzeit 67 Jahren erreichst, wirst du wesentlich weniger bekommen, als beispielsweise deine Großeltern. Bis 2030 soll die sogenannte Standardrente bei 43 Prozent des letzten Nettoarbeitsentgelts eines heutigen Durchschnittsverdieners liegen. Dabei wird als Berechnungsgrundlage genommen, dass du mindestens 45 Jahre lang in die Rentenkasse eingezahlt hast.

In Zukunft werden die Herausforderungen der Solidarsysteme durch die zunehmende Digitalisierung und Automatisierung noch verschärft. Es ist schon längst absehbar, dass Produktivitätszugewinne meist nur noch durch Maschinen, Roboter und Softwaresysteme realisierbar sind. Roboter zahlen aber leider keine Sozialversicherungsbeiträge.

Selbstständigen, Unternehmern und auch Bundestagsabgeordneten stand es schon immer frei, ob sie in die Sozialversicherungssysteme einzahlen wollen. Lass dich durch den Begriff »sozial« im Wort »Sozialsystem« nicht täuschen. Die Einkommen werden nur bis zu einer bestimmten Grenze belastet. Diese Beitragsbemessungsgrenze der gesetzlichen

Rentenversicherung wird ab 2017 voraussichtlich bei 76.200 Euro in Westdeutschland und 68.400 Euro in Ostdeutschland liegen. Somit sind vor allem die Durchschnittsverdiener betroffen.

Nehmen wir an, du bist alleinstehend und arbeitest in einer guten Position. Dein Bruttojahresgehalt beträgt 40.000 Euro pro Jahr. Was kommt bei dir an, wenn du richtig fleißig warst und einen Bonus oder eine Gehaltserhöhung von 5.000 Euro zusätzlich erhältst? Was würde im Gegenzug passieren, wenn du 5.000 Euro Umsatz über deinen Nebenerwerb generierst? Angenommen, du bist Personal Trainer und nimmst 50 Euro pro Stunde. Wenn du 5.000 Euro Umsatz generiert hast, bedeutet das, dass du 100 Stunden im Jahr für dein Feierabend-Startup gearbeitet hast.

	angestellt	nebenberuflich selbstständig
AG-Zuschuss (Arbeitgeberanteil Sozialversicherung)	926,50 €	
Einnahmen / Brutto / Honorar	5.000,00 €	5.000,00 €
Kosten		?
Rentenversicherung 9,35 %	-467,50 €	
Krankenversicherung 7,5 %	-375,00 €	
Pflegepflichtversicherung 2,35 %	-117,00 €	
Arbeitslosenversicherung 1,5 %	-75,00 €	
Steuer	-1.950,69 €	-1.950,69 €
Netto	2.014,81 €	3.049,31 €

Mit dieser Beispielrechnung möchte ich dir verdeutlichen, dass es sinnvoll ist, mit einer nebenberuflichen Selbstständigkeit zusätzliches Geld zu verdienen. Natürlich könntest du dich jetzt fragen, ob man als Personal Trainer überhaupt so viele Stunden schafft und was mit der unbezahlten Vor- und Nacharbeit ist. Aber darum geht es in diesem Beispiel nicht. Wichtig ist, dass du für dein Feierabend-Startup keine Sozialversicherungen bezahlen brauchst und nur dein Arbeitsmittelpunkt mit Ausgaben belastet wird. Davon gibt es zwei Ausnahmen: Die Krankenversicherung schätzt dich aufgrund deines Arbeitsaufwand als hauptberuflich Selbstständigen ein, oder du bekommst von der Rentenversicherung den Status der Scheinselbstständigkeit verliehen.

Krankenversicherung

Seit dem 01.01.2009 besteht eine allgemeine Krankenversicherungspflicht. Dein Arbeitgeber versichert dich und führt die Abgaben für deine Krankenversicherung ab. Du musst dich um nichts kümmern. Als Beamter bist du in der freien Heilfürsorge oder hast einen Beihilfetarif bei einer privaten Krankenversicherung abgeschlossen. Als Student bist du entweder über die studentische Versicherung versichert oder du bist über deine Eltern wie damals als Kind familienversichert. Die Familienversicherung gilt grundsätzlich nur bis zum 18. Lebensjahr, kann aber unter Umständen weitergeführt werden bis zum 23. Lebensjahr ohne Erwerbstätigkeit und bis zum 25. Lebensjahr mit Ausbildung oder Studium.

Die gesetzliche Krankenversicherung will deinen Arbeitsmittelpunkt mit Krankenversicherungsbeiträgen belasten. Wenn du nebenberuflich selbstständig bist, musst du für dein Feierabend-Startup keine Krankenversicherungsbeiträge entrichten. Wechselst du irgendwann in den Vollerwerb, dann möchte die Krankenversicherung natürlich diesen Arbeitsmittelpunkt belasten. Im Jahr 2015 waren es 14,6 Prozent + 0,9 Prozent Zusatzbeitrag, die kassenabhängig bezahlt werden mussten. Die Beitragsbemessungsgrenze lag im Jahr 2015 bei 50.850 Euro pro Jahr. Die 14,6 Prozent teilen sich Arbeitgeber und Arbeitnehmer.

Ich empfehle dir, deiner gesetzlichen Krankenkasse Bescheid zu geben, sobald du dein Feierabend-Startup aufnimmst. Du bekommst dann einen Fragebogen zugeschickt, in dem du etliche Fragen beantworten musst, unter anderem:

❏ **Familienstand:** Wenn du verheiratet bist und dein Ehepartner ein überproportionales Einkommen beisteuert, sind zum Bestreiten des Lebensunterhalts keine Umsätze aus deiner nebenberuflichen Selbstständigkeit erforderlich. Du bist auf die Einkommensquelle nicht angewiesen.
❏ **Wöchentlicher Arbeitsaufwand:** Der Arbeitsaufwand für dein Feierabend-Startup darf den Richtwert von 18 Stunden nicht überschreiten, da ansonsten für die Krankenkasse vieles für einen Vollerwerb spricht.
❏ **Arbeitnehmer:** Wenn du sozialversicherungspflichtige Arbeitnehmer beschäftigst, bist du in der Regel nicht mehr nebenberuflich selbstständig.

Auf Basis eines von dir ausgefüllten Fragebogens wirst du von der gesetzlichen Krankenkasse individuell geprüft. Leider kann ich dir dazu kein einheitliches Verfahren benennen. Je nach Abteilung werden unterschiedliche Entscheidungen getroffen, was deinen Status anbelangt.

Berechnungsgrundlage

Wenn du ein Feierabend-Startup gründest, sind die Einnahmen aus der Selbstständigkeit nicht deine einzige Einnahmequelle. Was du in deinem Hauptjob verdienst, weißt du, und auch eventuelle Lohnerhöhungen kannst du einkalkulieren. Generell sollte dein Jahresgehalt immer höher sein als die Gewinne aus deinem Nebenerwerb. Ansonsten wird dein Nebengewerbe für die Krankenkasse zum Arbeitsmittelpunkt. Wenn du Student bist, ist dies anders.

Doch wie sollst du nun deinen jährlichen Gewinn berechnen? Du musst eine Schätzung für die nächsten zwölf Monate vornehmen. In der Rückschau der Sozialversicherungsträger zur Festlegung möglicher Beiträge wird immer der Einkommensteuerbescheid deines Feierabend-Startups herangezogen. Verdienst du mit deinem Nebengewerbe mehr als mit deinem Hauptjob, wird die Krankenkasse eher deine Gewinne aus der Selbstständigkeit mit Krankenversicherungsbeiträgen belasten. Über deinen ehemaligen Haupterwerb werden dann keine Krankenversicherungsbeiträge mehr abgeführt und dein Nettoeinkommen erhöht sich.

Worst Case für Studenten

Wie angekündigt stellt sich die Situation anders dar, wenn du Student bist. Die studentische Krankenversicherung kostet nur um die 80 Euro im Monat. Wirst du jedoch mit deinem Feierabend-Startup als Selbstständiger im Haupterwerb deklariert, musst du den vollen Beitrag zahlen. Dieser beläuft sich auf ungefähr 200 bis 300 Euro pro Monat. Die Gefahr, dass du als Selbstständiger eingestuft wirst, ist allerdings relativ gering. Mittlerweile wird nämlich auch bei einem Studium eine 40-Stunden-Woche unterstellt. Hier müsste einer der anderen Faktoren stark ins Gewicht fallen. Studenten, die familienversichert sind, dürfen maximal 415 Euro im Monat dazuverdienen. Verdienst du mehr, kommst du in die studentische Versicherung, die finanziell noch erträglich ist.

Schüler

Als Schüler hast du keine studentische Versicherung. Im Rahmen der Familienversicherung kannst du maximal 415 Euro pro Monat dazuverdienen. Hier handelt es sich aber nicht um Umsatz, sondern um Gewinn. Ansonsten wird auch bei einem Schüler der volle Versicherungsbeitrag fällig.

Wirst du von der gesetzlichen Krankenkasse als hauptberuflich selbstständig eingestuft, hast du die Möglichkeit, in die private Krankenversicherung zu wechseln.

Welche Versicherungen du wirklich brauchst

Der Schritt zur richtigen Absicherung fängt bereits mit der Wahl des geeigneten Beraters an. Welche Möglichkeiten hast du?
- Du suchst einen Versicherungsvertreter auf
- Du suchst einen Versicherungsmakler auf
- Du verwendest Vergleichsportale
- Du nutzt deinen Bankberater

1. Versicherungsvertreter

Der Versicherungsvertreter arbeitet für eine Gesellschaft. Der größte Nachteil daran? Er wird dir lediglich Produkte dieser Gesellschaft anbieten können. Vielleicht denkst du, ein Einfirmen-Vertreter kann Schäden besser regulieren. Leider stimmt das nicht, weil der Vertreter immer an die Gewinnerfüllungsabsicht der Gesellschaft gebunden ist. Sein Vertrag ist nicht mit dir, sondern mit der Versicherungsgesellschaft, in dessen Auftrag er tätig ist.

2. Versicherungsmakler

Ein Versicherungsmakler hat einen Vertrag mit dir als Kunde. Idealerweise soll er die bestmöglichen Produkte am Versicherungsmarkt zu den günstigsten Konditionen beschaffen. Aus diesem Grund dürfen unabhängige Makler keine Bonifikationen von Gesellschaften annehmen. In der Regel sind die Angebote von Maklern besser, da nicht jede Versicherung auf jedem Gebiet führend ist. Der ideale Makler sollte für dich die Rosinen des Versicherungsmarktes herauspicken und dir eine optimale Versicherung für deine nebenberufliche Selbstständigkeit zusammenstellen.

Es gibt Makler, die sich speziell auf gewerbliche Risiken spezialisiert haben. Allerdings ist es nicht einfach, für eine Firma den richtigen Versicherungsschutz zu finden. Die Schwierigkeiten beginnen bereits bei der Betriebsbeschreibung. Wird der Betrieb falsch beschrieben, kann die Versicherung im Nachhinein die Leistung versagen oder kürzen. Die Betriebsbeschreibung wird nicht bei Antragsannahme geprüft, sondern nur bei erheblichen Schadensfällen. Die Versicherung geht davon aus, dass sowohl der Makler als auch der Kunde die Hausaufgaben in diesem Bereich gemacht haben. In der Realität sieht dies oftmals anders aus.

3. Vergleichsportale

Über finanzchef.de oder gewerbeversicherung.de kannst du deine betriebliche Versicherung anfragen. Da du sämtliche Angaben ausfüllst, übernimmst du auch die Haftung dafür. In diesem Fall hat keine Beratung stattgefunden. Wenn du dich auskennst, können Vergleichsportale eine prima Angelegenheit sein. Wenn nicht, lass dich lieber professionell beraten.

4. Der Bankberater

Momentan verdienen die Banken durch die niedrigen Zinsen weniger Geld. Deswegen sind Nebengeschäfte extrem wichtig. Die Bank hat den Vorteil, dass du als Gründer ein Konto für deine Firma brauchst. Eine ideale Kontaktmöglichkeit, um dir gleich die passenden Versicherungen mit anzubieten. Obwohl Kopplungsgeschäfte grundsätzlich verboten sind, nutzen manche Banken erfahrungsgemäß ihre Position als Kreditgeber aus. Banken sind ähnlich aufgestellt wie Einfirmen-Vertreter: Es werden lediglich Produkte einer Gesellschaft vertrieben.

Fazit: Aus meiner Sicht würde ich zwei unabhängige Versicherungsmakler empfehlen. Einen, der sich auf gewerbliche Risiken spezialisiert hat, und einen anderen, der die Themen Krankenversicherung und Vorsorge für Selbstständige bedient.

Die private Krankenversicherung

Was machst du, wenn dein Feierabend-Startup ein richtiger Erfolg wird und du die Grenzen des Nebenerwerbs überschreitest? Du suchst dir eine private Krankenversicherung!

In der privaten Krankenversicherung können die Beiträge steigen, wenn die Summe aller Versicherten mehr Kosten produziert oder inflationsbedingt die Behandlungskosten steigen. Auch der Beitrag der gesetzlichen Krankenversicherung ist davor nicht gefeit und ist auf mittlerweile 15,5 Prozent gestiegen. Eine weitere Steigerung ist nur schwer möglich, stattdessen werden Leistungen gekürzt. Bei einer privaten Krankenversicherung musst du bei Antragstellung Auskunft über Gesundheitsfragen der letzten fünf bis zehn Jahre geben. Schwere gesundheitliche Probleme führen zur Ablehnung, Mehrbeitrag oder Ausschluss der Krankheit.

Prüfe unbedingt die Beitragshistorie der letzten Jahre, bevor du dich für eine private Krankenversicherung entscheidest. Gerade günstige Starter-Tarife können sich mit der Zeit als teurer Versicherungsschutz entpuppen. So lange dein Einkommen nur fließt, wenn du aktiv bist, ist Krankentagegeld wichtig, da du in Zeiten von Krankheit keine Einnahmen generieren wirst.

Was du bekommst, wenn du alt bist

Eigentlich sollte Ruhestand das Unwort des Jahres werden. Noch immer ist der Eintritt in die Rente für viele Menschen eine Ausrede, das Verwirklichen ihrer Träume auf später zu verschieben: Endlich das tun, worauf sie Lust haben. Endlich frei und unabhängig sein! Nicht mehr arbeiten müssen! Leider sieht die Realität anders aus. Viele alte Menschen haben nicht mehr die Energie und auch die Lust, neue Dinge zu erleben. Da nützen auch genügend Scheine auf der hohen Kante nichts. Selbst wenn du später fit sein wirst, wird das Geld nicht reichen. Die stets älter werdende Gesellschaft senkt das Rentenniveau immer weiter ab.

Doch was ist, wenn du deinen Job liebst? Wenn du mit 67 Jahren gar nicht aufhören willst zu arbeiten? Die beste Altersvorsorge, die du treffen kannst, ist ein erfolgreiches Feierabend-Startup aufzubauen! Dein Ziel sollte sein, mit skalierbaren Produkten zeitunabhängig Geld zu erwirtschaften. Wenn du liebst, was du tust, musst du dir um das sinkende Rentenniveau keine Sorgen mehr machen. Starte jetzt in dein persönliches Abenteuer und mach dich nebenberuflich selbstständig!

Scheinselbstständigkeit

Für dich als Selbstständigen existiert eine Rentenversicherungspflicht nur unter folgenden Bedingungen:

- Du bist über einen längeren Zeitraum nur für einen Auftraggeber tätig.
- Du erhältst mehr als 5/6 der Einnahmen von einem Auftraggeber.
- Du bist weisungsgebunden.
- Du kannst dir deine Zeit nicht frei einteilen.
- Du besitzt kein eigenes Büro bzw. arbeitest überwiegend beim Auftraggeber.

Treffen oben genannte Faktoren auf dich zu, besteht der Verdacht der Scheinselbstständigkeit. Versicherungsvertreter für einen Konzern oder Gründer im Bereich Multi Level Marketing sind oftmals Scheinselbstständige. Bei der gesetzlichen Rentenversicherung kann mit dem Formular V0050 ein Freistellungsauftrag beantragt werden.

Wer kann veranlassen, dass du auf Scheinselbstständigkeit geprüft wirst? Verschiedene Behörden und Institutionen wie das Finanzamt, die Rentenversicherung, das Arbeitsgericht oder andere Sozialversicherungsträger. Oft verschickt das Finanzamt einen Fragebogen, der deinen Status klären soll. Auch die Krankenversicherung erhebt Daten für die Rentenversicherung. Wenn du dir unsicher bist, solltest du bei der Rentenversicherung eine proaktive Statusfeststellung beantragen.

Die richtige Absicherung für dein Feierabend-Startup

Betriebshaftpflicht

Genau wie es eine private Haftpflicht für dich als Konsumenten gibt, gibt es auch eine Haftpflicht für deinen Gewerbebetrieb. Diese nennt sich Betriebshaftpflicht und haftet immer dann, wenn jemandem durch deinen Betrieb ein Schaden entsteht. Stell dir vor, jemand stolpert über ein falsch verlegtes Kabel und bricht sich den Arm. Versichert sind Personen, Sachschäden und daraus resultierende Vermögensschäden.

Berufshaftpflicht

Diese ist für bestimmte Berufsgruppen Pflicht und deckt die Berufsrisiken ab. Ein Arzt kann beispielsweise bei einer fehlerhaften Operation einen Schaden anrichten. Diesen gleicht eine Berufshaftpflicht aus.

Vermögensschadenhaftpflicht

Vermögensschäden treten insbesondere bei beratenden Berufen auf, etwa bei Vermögensberatern, Steuerberatern und Rechtsanwälten. Wenn diese falsch beraten, sind daraus resultierende Vermögensschäden versichert.

Inhaltsversicherung

Die Inhaltsversicherung ist das Pendant zur Hausratversicherung im privaten Bereich. Es handelt sich um eine Neuwertversicherung und keine Zeitwertversicherung. Die Versicherung zahlt den Neupreis für Gegenstände. Betriebliche Gegenstände sind innerhalb und außerhalb deines Büros gegen folgende Gefahren versichert:

❏ Feuer
❏ Leitungswasser
❏ Blitzschlag / Überspannung
❏ Diebstahl

Optional können weitere Gefahren eingeschlossen werden.

Firmenrechtsschutz

Eine Rechtsschutzversicherung ist ein aktiver Rechtsschutz, da in der Haftpflicht bereits ein passiver Rechtsschutz enthalten ist. Was heißt das?

Passiv bedeutet, dass dich jemand in die Pflicht nehmen will, da du einen Schaden verursacht hast. Sollte der Schaden unberechtigt sein, wehrt die Haftpflicht den Schaden ab und beauftragt einen Rechtsanwalt. Die Haftpflicht greift allerdings nicht für alle Schäden. Willst du jemanden aktiv verklagen mit dem Ziel, dass dir der Schaden erstattet wird, brauchst du eine Rechtsschutzversicherung. Diese deckt alle Anwalts- und Gerichtskosten ab. Wenn du verlierst, trägt sie die Kosten der Gegenseite.

Bei Forderungsstreitigkeiten sind in den meisten Rechtsschutzversicherungen hohe Streitwertgrenzen (beispielsweise Forderungen ab 5.000 Euro) enthalten, sofern der Baustein mitversichert ist.

Fazit: Es gibt eine Vielzahl von Versicherungen. Welche du genau benötigst, richtet sich nach deinem Geschäftsmodell und deiner individuellen Tätigkeit. Letztendlich brauchst du in diesem Bereich zuverlässige und unabhängige Partner, die dich bei der optimalen Auswahl unterstützen. Das Konzept sollte dich nicht nur rational überzeugen, sondern auch dein Bauchgefühl sollte stimmen.

Besser im Team oder lieber solo gründen?

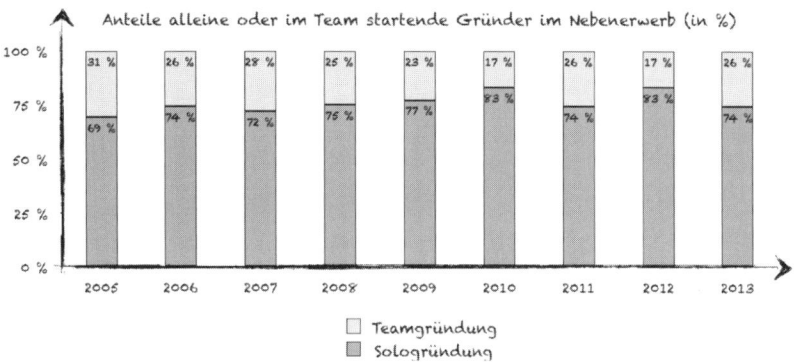

Quelle: KfW-Gründermonitor

Vielleicht ist es dir selbst schon passiert: Du sprichst begeistert über dein Vorhaben, und sofort möchte jemand mit einsteigen und dich unterstützen. Mit einer guten Idee ist es einfach, Mitgründer zu finden. Wahrscheinlich hört sich das für dich im ersten Moment auch verlockend an. Du müsstest nicht mehr alle Entscheidungen alleine fällen, und es ist wahrscheinlich, dass die andere Person Dinge kann, die du nicht kannst. Im gemeinsamen Brainstorming klingt erst mal alles fantastisch: Der andere sagt dir, was er alles für dich erledigen kann. Du kannst die Euphorie, die in der Luft liegt, förmlich greifen. Also seid ihr ab jetzt ein erfolgreiches Team? JEIN. Nirgendwo scheiden sich die Geister so sehr wie beim Thema Mitgründer. Es ist definitiv möglich, dein Feierabend-Startup erfolgreich zu zweit und sogar zu dritt aufzubauen. Es gibt zahlreiche Beispiele für erfolgreiche Teamgründungen, über die oft berichtet wird. Aus eigener Erfahrung weiß ich jedoch: Nicht immer klappt es.

Das Feierabend-Startup ist dein Ding. Deshalb solltest du alleine darüber entscheiden dürfen. Wenn du im Team gründest, hat jedoch jeder etwas zu sagen. Die Gefahr, dass sich die Idee in eine andere Richtung entwickelt, ist groß – insbesondere, wenn du noch keinen Proof of Concept durchgeführt hast. Beim Brainstorming im Team können ganz andere Ideen entstehen, als du ursprünglich hattest. Obwohl dies auch Chancen birgt, kann in dir das Gefühl zurückbleiben, dass es nicht mehr »dein« Unternehmen, nicht mehr »deine« Idee ist.

Der Ausgleich von Geben und Nehmen ist verletzlich. Gemeinsam mit vier anderen Gesellschaftern hatte ich bei der Gründung der consultans4finance Verwaltung und Beteiligung GmbH im Jahr 2013 so einen Fall. Ich war der Meinung, dass man die Anteile gleich aufteilen und sich jeder langfristig einbringen soll. Das Resultat war, dass sich zwei bereits am Anfang ungerecht behandelt fühlten, da ihr Arbeitseinsatz anfangs überwog. Somit begann eine Diskussion über die Verteilung der Anteile – die größte Zeitverschwendung, da in dieser Zeit keinerlei Mehrwert geschaffen wurde. Wir waren nur mit uns selbst beschäftigt, nicht aber damit, das Unternehmen voranzubringen. Im Team zu arbeiten heißt nicht, Kompromisse einzugehen, sondern etwas zu schaffen, was besser ist als jede Position für sich. Dazu ist es notwendig, dass alle Beteiligten ihr Ego im Griff haben. Letztendlich geht das nur über ein starkes Ziel, Leitbild und eine eindeutige Mission. Damals war mir das noch nicht klar, und ich musste die Konsequenzen dafür tragen – nicht nur in finanzieller Form, sondern auch mit dem Verlust von wertvoller und unwiederbringlicher Zeit.

Um den passenden Mitgründer zu finden, kannst du die folgende Metapher heranziehen: Vergleiche die Teamgründung mit einem Date. Würdest du bei deinem ersten Date diejenige oder denjenigen gleich fragen, ob er oder sie bei dir einziehen will? Nein! Wahrscheinlich hast du gedacht, dass es vielleicht nicht hundertprozentig passt oder du wolltest zumindest einige Jahre mit der Person zusammen sein, um auf Nummer sicher zu gehen, dass alles passt. Genauso solltest du deine Mitgründer auswählen. Schau dir die Menschen lange an und verbring viel Zeit mit ihnen, bevor du eine Entscheidung triffst. Seid ihr erst mal in einer Gesellschaft, wurden bestimmte Tatsachen geschaffen, die eine Auseinandersetzung sehr teuer machen können. Wenn ich alle Kosten zusammenaddiere, die ich für Notartermine benötigt habe, weil Gründer aus- oder eingestiegen sind, kommen mehrere Tausend Euro zusammen.

Wie groß sollte das optimale Gründerteam sein? Dazu kann ich dir eine kleine Geschichte erzählen. Ich wollte mit einem Tierarzt, einem Hundetrainer, einer Lektorin, einem Programmierer und einem Investor ein Startup im Bereich Tiernahrung aufziehen. Vielleicht denkst du jetzt, das hört sich doch nach der perfekten Mischung an. Das zumindest war auch meine Meinung – bis zum ersten Meeting. Um nur einen einzigen Themenpunkt zu besprechen, benötigten wir mehrere Stunden. Jeder hatte eine andere Meinung, und der Abstimmungsaufwand innerhalb der Gruppe war immens. Die Koordination einzelner Aufgaben war kaum möglich, da die Mitgründer zu viele Nebenprojekte hatten. Aus meiner Sicht solltest du im Team maximal zu zweit oder zu dritt gründen, wobei ich für das Feierabend-Startup immer das Solo-Engagement empfehlen würde.

Wo kann, will und darf ich arbeiten?

Homeoffice – Home Sweet Home

Bestimmt hast du dir schon mal gedacht, wie entspannt es wäre, von zu Hause aus zu arbeiten. Kein Dresscode, keine langen Anfahrtswege, keine überfüllten öffentlichen Verkehrsmittel … Stattdessen morgens in aller Ruhe aufstehen, im Pyjama an den Schreibtisch und ganz in Ruhe das tun, was dir Spaß macht. Für einen kleinen Teil der Gründer mag das Homeoffice eine echte Option sein. Insbesondere Vollgründer können sich theoretisch erst mittags in Shorts und Pantoffeln an den Computer setzen.

Für dich als Feierabend-Startup dürfte dieser Wunschtraum schwierig werden. Primär entscheidet nämlich dein Haupterwerb über deinen Tagesablauf. Die vorgegebenen Routinen wirst du schwer durchbrechen können. Doch einen Vorteil hast du gegenüber Menschen, die sich hauptberuflich in die Selbstständigkeit stürzen: Du hast gar keine andere Chance, als frühzeitig zu lernen, dir Prioritäten zu setzen. Denn dein größter Engpass ist die Zeit. Dies solltest du dir vor Augen halten, wenn du das nächste Mal Angst bekommst, dein Aufgabenpensum nicht zu schaffen.

Ebenso wichtig ist es, dass du dir einen Ort schaffst, an dem du in Ruhe arbeiten kannst. Welche Kriterien sollte dein Arbeitsplatz erfüllen? Dabei ist es hilfreich, wenn du dir ein paar Fragen stellst:

- In welcher Arbeitsatmosphäre arbeitest du bevorzugt?
- Wie muss der Raum gestaltet sein, in dem du fokussiert, aber auch kreativ arbeiten kannst? Bist du eher minimalistisch geprägt, gehören für dich Grünpflanzen zu einem angenehmen Ambiente, oder fühlst du dich zwischen bunten Postern und Postkarten am kreativsten?
- Wie vermeidest du Ablenkung? Hilft es dir, dein Smartphone in der Küche zu lagern, wenn du wichtige Dinge zu erledigen hast? Wie sieht es mit Musik aus?

Musst du neben deinem Feierabend-Startup und deinem Hauptjob noch deine Kinder betreuen, stehst du vor einer besonderen Herausforderung. Selbst ein gelegentliches »Darf ich dich mal kurz stören« oder »Ich muss dich mal was fragen« bedeutet jedes Mal einen Ausstieg aus deinem Workflow. Eine mögliche Lösung sind Ruhezeiten, in denen deine Kinder wissen, dass du jetzt nicht gestört werden darfst. Am einfachsten ist dies in einem separaten Raum zu verwirklichen. Ich hänge beispielsweise ein Schild an meine Bürotür mit »Bitte nicht stören«, wenn ich kreativ oder konzentriert arbeiten will.

Was du beim Mietvertrag zu beachten hast

Du willst das Homeoffice als Arbeitsplatz nutzen? Diese Entscheidung betrifft nicht nur dich, sondern auch dein Mietverhältnis, die Eigentümergemeinschaft oder die Kommune. Der Vermieter sollte grundsätzlich darüber informiert werden, dass du in deinen Wohnräumen eine gewerbliche Tätigkeit aufnimmst. Hier reicht ein formloses Schreiben:

»Hallo lieber Vermieter, bitte erteilen Sie mir die Genehmigung, dass ich mein Gewerbe XY in den Wohnräumen ausüben darf.« Dem steht nichts im Wege, sofern die berechtigten Interessen des Vermieters durch dein Gewerbe nicht eingeschränkt werden.

Vielleicht fragst du dich nun, was berechtigte Interessen des Vermieters oder der Hauseigentümergemeinschaft sein könnten, wenn mehrere Eigentümer ein Mehrfamilienhaus besitzen. Für folgende Punkte benötigst du in jedem Fall eine Genehmigung:

❐ Benutzung und Aufstellung von Maschinen in der Wohnung
❐ Anbringung eines Firmenschildes an den Eingangstüren
❐ Verursachung von Lärm oder Krach
❐ Verursachung von Kundenverkehr
❐ Zusätzliche Personen, die in deiner Wohnung mitarbeiten

Da du dein Feierabend-Startup in der Regel alleine aufbaust, scheiden zusätzliche Personen als Mitarbeiter meistens aus. Aber bereits dein GbR-Partner gilt als zusätzliche Person und muss von deinem Vermieter genehmigt werden. Durch die erhöhte Abnutzung kann von dir ein Mietaufschlag von bis zu 20 Prozent verlangt werden. Was passiert, wenn du ein genehmigungspflichtiges Gewerbe ausübst, deinen Vermieter aber nicht um Erlaubnis fragst? Mit hoher Wahrscheinlichkeit wirst du fristlos gekündigt, sobald dieser davon erfährt. Ein gutes Beispiel ist der Musiklehrer, der nach der Arbeit Gesangstunden in seinem Wohnzimmer gibt. Wegen des Publikumsverkehrs und des Lärms sollte hier auf jeden Fall eine Genehmigung eingeholt werden.

Baurecht

Du fragst dich, was dein Feierabend-Startup und deine Mietwohnung mit dem Baurecht zu tun haben? Nun, der Blick ins örtliche Baurecht ist ein Punkt in deinem Gründerprotokoll. In den Gemeinden, Stadtteilen oder Bezirken gibt es ausgewiesene Nutzungsrichtlinien. So darf in einem reinen Wohngebiet kein Gewerbebetrieb ansässig sein, der Emissionen, Kundenverkehr, Krach oder Abfall verursacht. Hast du ein Gewerbe als Programmierer oder Makler, so wird dies anders bewertet als beispielsweise eine Schreinerei oder eine Gastronomie. In vielen Gemeinden ist die teilgewerbliche Nutzung kein Problem, solange du deine Wohnung zu 50 Prozent wohnwirtschaftlich nutzt, keine Emissionen verursachst und dort deinen Hauptwohnsitz hast. Es kann aber sein, dass dir erhöhte Kosten für die Müllabfuhr berechnet werden. Eine komplette Nutzungsänderung müsstest du bei der Bauaufsichtsbehörde beantragen – ein fast aussichtsloses Unterfangen.

Bei den Freiberuflern gibt es gewöhnlich keine Probleme. Sie haben kein Gewerbe, sondern sind freiberuflich tätig. Hier gibt es mit der Nutzung meist keine Probleme.

Steuerliche Problematik beim Homeoffice

Sofern es sich um einen abschließbaren Raum handelt, ist dein häusliches Arbeitszimmer grundsätzlich von der Steuer absetzbar. Schwieriger wird es, wenn es ein Durchgangszimmer ist oder sich dahinter ein stark frequentierter Raum, beispielsweise ein Kinderzimmer, befindet. In diesen Fällen kann es sein, dass das Finanzamt die Absetzung eines Arbeitszimmers von der Steuer ablehnt.

Angestellte, die keinen festen Arbeitsplatz haben, können bis zu 1.250 Euro im Jahr für ein häusliches Arbeitszimmer absetzen. Dies können auch Selbstständige sein, die in einer Werkstatt ohne Büro arbeiten, oder auch Lehrer. Du darfst sämtliche Kosten wie die Miete und die Nebenkosten absetzen, musst aber die Fläche des Arbeitszimmers ins Verhältnis zur Wohnfläche setzen. Einrichtungen für dein Arbeitszimmer können separat abgerechnet werden.

Wenn dein Arbeitszimmer deinen Arbeitsmittelpunkt bildet und du es überwiegend betrieblich nutzt, dann kannst du die Kosten auch über die Höchstgrenze absetzen. Ein Beispiel hierfür ist ein Programmierer, der von zu Hause aus arbeitet. Normalerweise verlangt das

Finanzamt von dir eine Skizze. Je nach Amt können auch Hausbesuche stattfinden.

Ein Beispiel: Deine Wohnung ist 100 Quadratmeter groß. Dein Arbeitszimmer ist ein abgeschlossener Raum, der nur für die Bürotätigkeiten genutzt wird. Die Fläche beträgt 30 Quadratmeter, demzufolge kannst du 30 Prozent aller anfallenden Mietkosten ansetzen, insbesondere:

- Miete
- Gebäudeabschreibung oder Sonderabschreibungen
- Schuldzinsen für Kredite, die zur Anschaffung, Herstellung oder Instandhaltung des Gebäudes oder der Eigentumswohnung verwendet worden sind
- Wasser- und Energiekosten
- Reinigungskosten
- Grundbesitzabgaben (Grundsteuer, Müllabfuhrgebühren, Schornsteinfegergebühren, Gebäudeversicherungen)
- Instandhaltungs- und Renovierungskosten
- Kosten der Gartenerneuerung nach Schäden durch eine Reparatur am Gebäude

Büroräume, die außerhalb des häuslichen Bereichs liegen, stellen in den meisten Fällen kein Problem dar.

Das eigene Büro

Vielleicht ist deine Wohnung zu klein, oder du findest dort keine Ruhe. Warum nicht einfach ein Büro mieten? Bei Mietverträgen für Büros und Gewerbeflächen musst du dich meistens für drei bis fünf Jahre verpflichten. Ein langer Zeitraum, der sich für dich als Gründer eines Feierabend-Startups als Klotz am Bein herausstellen kann. Außerdem musst du eine Kaution hinterlegen und die Einrichtung bezahlen. Egal wie viel du verdienst und ob ein Monat gut oder schlecht läuft, du musst die Miete bezahlen. Aus eigener Erfahrung kann ich dir sagen, dass es bei den Mietkosten alleine nicht bleiben wird. Stell dich auf weitere regelmäßige Kosten ein wie Strom, Heizung, Hausgeld, Nachzahlungen und Ersatz für Dinge, die kaputtgehen. Dies kann dich wertvollen finanziellen Spielraum kosten. Dennoch bin ich der Meinung, dass ein eigenes Büro ein wundervoller Ort des Schaffens sein kann und deiner Idee einen Platz gibt. Letztendlich kannst nur du selbst die Entscheidung treffen, ob du ein Büro mietest. Wichtige Indikatoren können sein, ob dein Proof of Concept erfolgreich war und ob du dein Feierabend-Startup langfristig zum Vollerwerb führen möchtest. Wenn deine Umsätze dann noch ausreichen, um in die Zukunft deines Feierabend-Startups zu investieren und die Büromiete zu tragen, spricht einem eigenen Büro nichts entgegen. Leider gilt bei Büro- und Gewerbeimmobilien für Maklergebühren nicht das Bestellerprinzip, wie du es von Wohnraummietverträgen kennst. Bei gewerblichen Mietverträgen musst du in den meisten Fällen den Makler bezahlen.

Café – Let's have a cappuccino

Warum nicht nach der Arbeit noch ein bis zwei Stunden im Starbucks die Aufgaben deines Feierabend-Startups erledigen? Es kann eine gute Abwechslung zum Homeoffice sein, in Cafés zu arbeiten. Wenn es dir dort zu unruhig ist, kannst du mit einem Paar Kopfhörer schnell Abhilfe schaffen. Auf jeden Fall kannst du dort nicht nur das kostenlose Wasser konsumieren. Die Kosten dürften allerdings überschaubar sein, wenn du dir dreimal die Woche einen Cappuccino gönnst.

Allerdings ist das WLAN an den meisten Hotspots nicht sonderlich schnell. Es kann gut sein, dass du nervige Pausen überbrücken musst, insbesondere wenn du ein Business mit hohem Datentransfervolumen betreibst. Auch das ständige Ein- und Auswählen kann Zeit rauben.

Von der Garage in die Welt

Auf der Suche nach einem geeigneten Ort für dein Feierabend-Startup kommt dir vielleicht die Geschichte des Apple-Gründers in den Kopf. Wieso nicht einfach die heimische Garage zum Büro umfunktionieren? Leider kommen dir in Deutschland die vorgeschriebenen Nutzungsrechte in die Quere. Das Worst-Case-Szenario ist, wenn jemand von der Gewerbeaufsicht kommt und feststellt, dass du nicht alle Vorschriften bezüglich Brandschutz und Fluchtwegen eingehalten hast. Im unserem wunderbaren Land der Bürokratie ist das durchaus schon vorgekommen. Steve Jobs und Steve Wozniak hätten für ihr Startup, das sie in einer Garage gegründet haben, in Deutschland höchstwahrscheinlich keine Genehmigung bekommen.

Coworking Space – teile Büroräume mit anderen

Coworking Spaces sind Büros, die du dir mit anderen Menschen teilst. In fast jeder Großstadt gibt es solche Angebote. Für weniger als 100 Euro im Monat bekommst du hier einen Arbeitsplatz mit freiem WLAN. Allerdings bekommst du für den Einstiegspreis meistens keinen festen Platz. Du arbeitest einfach dort, wo gerade frei ist. Im Grunde kannst du es mit der Uni-Bibliothek vergleichen, in der Studenten alleine oder in Gruppen lernen. Der Vorteil von Coworking Spaces ist, dass dort viele Gründer an ihrem Business arbeiten. Diese Büros stellen also eine hervorragende Gelegenheit dar, Networking zu betreiben und dir Inspiration und wertvolle Tipps von anderen zu holen. Ein zusätzlicher Bonus sind die zahlreichen Veranstaltungen, die in solchen Räumen stattfinden und dir einen heißen Draht zur Startup-Szene sichern. Allerdings solltest du den Ablenkungsfaktor nicht unterschätzen. Ab und zu mal dort abzutauchen, kann sich trotzdem lohnen. Die Preise für Coworking Spaces variieren je nach Anbieter: Diese reichen von einem Tagesticket für 10 Euro bis hin zu 150 bis 200 Euro im Monat für deinen eigenen Tisch.

Makerspace

Darunter versteht man eine Werkstatt, in der du temporär verschiedene Maschinen mieten kannst. Ein Makerspace ist somit die perfekte Umgebung, um einen Prototypen deines Produktes herzustellen. Du vermeidest die hohen Investitionskosten in eigenes Material und Werkzeug und kannst den Prototypen ausgiebig testen, bevor du ihn auf den Markt bringst. Wenn du Makerspace bei Google eingibst, erhältst du einige Angebote. Vielleicht gibt es ja sogar in deiner Stadt einen Makerspace?

Domiziladresse

Du möchtest deine Firma nicht unter deiner Privatadresse anmelden? Eine Domiziladresse, also eine ladungsfähige Anschrift, könnte die Lösung sein. Oftmals werden von Anbietern solcher Domiziladressen verschiedene Büroservices angeboten. Dazu zählt das Öffnen deiner Post oder auch die Annahme von Anrufen und Faxen. Da jede Gemeinde unterschiedliche Gewerbesteuersätze hat, kannst du dadurch eventuell Gewerbesteuer sparen. Ich möchte mich an dieser Stelle aber klar von sogenannten »Offshore-Firmen in Steueroasen« distanzieren, obwohl dahinter das gleiche Prinzip des Steuerwettbewerbs steckt.

Solche Firmen mieten lediglich einen Briefkasten mit eventuellen Serviceangeboten und nutzen dadurch den örtlichen Steuervorteil für sich. Ein solches Steuerparadies ist unter anderem in den USA zu finden. So hatte der zweitkleinste US-Bundesstaat Delaware 897.934 Einwohner laut Zensus 2010. Eine weitere Erhebung aus dem Jahre 2008 besagt, dass zu diesem Zeitpunkt etwa die Hälfte der börsengehandelten US-Unternehmen und rund 63 Prozent aller Fortune 500 dort ansässig waren. Insgesamt sind im Steuerparadies Delaware 1.114.000 Firmen registriert – davon ca. 620.000 Briefkastengesellschaften. Somit gibt es in Delaware mehr Firmen als Einwohner.

Die Kosten für eine Domiziladresse variieren stark. Die Bandbreite reicht von wenigen Euro für ein einfaches Postfach bis hin zu mehreren 100 Euro für einen kompletten Büroservice. Meistens musst du eine Einrichtungsgebühr zahlen. Die monatliche Grundgebühr erhöht sich, je mehr Serviceleistungen du in Anspruch nimmst. Dazu zählen beispielsweise ein Scan-Dienst, die Weiterleitung und der Versand deiner Post und weitere. Nach meinen Recherchen musst du momentan ca. 30 bis 40 Euro an Grundgebühren einplanen. Die Mindestlaufzeit beträgt meistens drei Monate. Du solltest bedenken, dass du dich auch hier für eine gewisse Zeit vertraglich bindest. Und natürlich solltest du nicht vergessen, diesen Service bei einer Änderung deiner Arbeitssituation auch wieder zu kündigen.*

Digitaler Nomade

Wenn du dein Feierabend-Startup zum Haupterwerb ummünzt, hast du die Gelegenheit, deine vier Wände aufzugeben und durch die Welt zu reisen. Gerne wird hierbei vom digitalen Nomadentum gesprochen. Und ist es nicht wahrscheinlicher, dass dich die Muse der Kreativität an einem einsamen Sandstrand in Bali küsst als in einem tristen Bürogebäude? Es ist nicht schwer, deinen Wohnsitz aufzulösen. Dank verschiedener Office-Lösungen wie die Domiziladresse sowie Einlagerungsmöglichkeiten für deine Habseligkeiten kannst du schon bald im Flieger sitzen. Selfstorage-Lagerräume gibt es bereits für wenige Euro pro Woche. Dabei darfst du eins nicht vergessen: deine Krankenversicherung. Wirst du länger als sechs Monate im Ausland bleiben und die europäische Union verlassen, solltest du Rücksprache mit deiner Krankenkasse halten. Gesetzliche Versicherte benötigen oft einen zusätzlichen Auslandskrankenschutz. Hindernisse auf deiner Reise könnten schlechtes WLAN oder auch Einsamkeit sein, die dich von Zeit zu Zeit überfällt.

---

* Eine Postweiterleitungsadresse kostet für den Standort Deutschland derzeit 34 Euro monatlich inklusive Mehrwertsteuer, zahlbar drei Monate im Voraus durch Überweisung. Mindestlaufzeit sind drei Monate, die sich automatisch um jeweils drei Monate verlängern, sofern keine schriftliche Kündigung eingeht. Die Kündigungsfrist beträgt drei Monate. Die Postweiterleitungsadresse kann geschäftlich oder auch privat genutzt werden: www.virtual-office-flat.de

Dennoch: Wenn du die Chance hast, ortsunabhängig zu arbeiten, ist es das perfekte Abenteuer, von dem du noch lange zehren wirst.

Nebenberuflich selbstständig – endlich zufriedener werden

Bist du mit deinem Job zufrieden? Wenn du diese Frage ganz klar mit Nein beantworten kannst, bist du nicht alleine: Dieselbe Frage wurde im Jahr 2015 in einer Studie der Manpower Group 1.011 Arbeitnehmern gestellt. Das alarmierende Ergebnis: 49 Prozent der Arbeitnehmer sind mit ihrem Job unzufrieden. In der Umfrage standen insbesondere Arbeitszeiten, Förderungsmöglichkeiten und Vereinbarkeit von Beruf und Familie im Mittelpunkt.

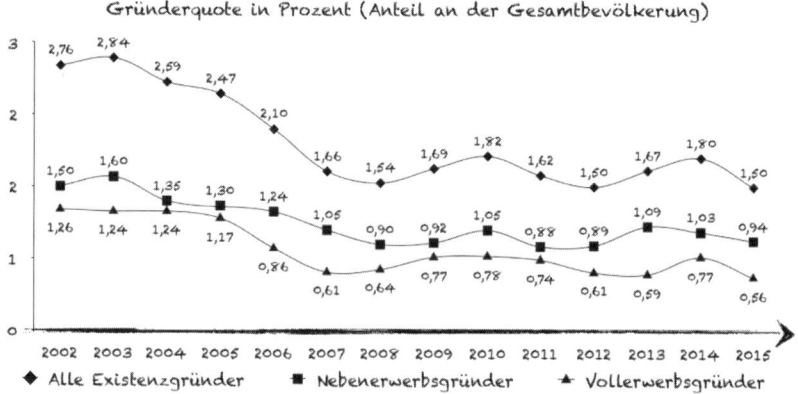

Quelle: KfW-Gründermotor

Ist das ein Phänomen unserer Zeit? Alle, die zwischen 1980 und 1999 geboren wurden, gehören der sogenannten Generation Y an. Dieser Bevölkerungsgruppe wird nachgesagt, dass sie Dinge wesentlich mehr hinterfragt, als das noch die Generationen vor ihr getan haben. Aus diesem Grund stellen wir auch unser Arbeitsumfeld infrage. Nur weil wir vom

Arbeitgeber Gehalt bekommen, akzeptieren wir längst nicht mehr alles. Wenn du jeden Tag etwas machen musst, was du eigentlich gar nicht magst, sind der Frust und die Unzufriedenheit nicht weit. Im schlimmsten Fall kommt es zu einer »inneren Kündigung«.

Für unsere Generation sind Entfaltungspotenziale essenziell. Wir suchen instinktiv nach Aufgaben, die zu uns passen, und passen uns nicht einfach irgendeinem Job an. Genau hier kommt dein Feierabend-Startup ins Spiel. Es ist die ideale Möglichkeit, Ausgleich zu einem langweiligen oder unbefriedigenden Hauptjob zu schaffen und dich mit dem zu verwirklichen, was dir wirklich liegt und worauf du Lust hast. Deine nebenberufliche Selbstständigkeit bietet dir die Möglichkeit, dein Wesen zum Ausdruck zu bringen. Hier kannst du deine Werte, deine Ideen und deine Kreativität ausleben.

Natürlich darf nicht vergessen werden, dass Arbeitgeber eine wertvolle Aufgabe erfüllen. Indem sie funktionierende Organisationen geschaffen haben, können sie dir ein sicheres Gehalt bieten. Damit dies so bleibt, nehmen Unternehmen beträchtliche Risiken auf sich. Unternehmer werden abhängig vom wirtschaftlichen Erfolg bezahlt. Als Arbeitnehmer bekommst du in erster Linie dein Basisgehalt, welches unabhängig von der Unternehmenslage ist. Warum also nicht einfach das Beste der beiden Welten zusammenbringen?

Natürlich solltest du mit deinem Feierabend-Startup nicht die berechtigten Interessen deines Arbeitgebers verletzen, der dir jeden Monat das Gehalt überweist. Schätze die Sicherheit, die dir dein Hauptjob bietet, und nimm diese als hervorragenden Ausgangspunkt, um dein eigenes Ding zu machen. Du fragst dich, was die berechtigten Interessen deines Arbeitgebers sein könnten? Dazu nachfolgend mehr.

Sag deinem Arbeitgeber Bescheid

Dein Arbeitgeber oder Dienstherr hat für eine bestimmte Zeit das Anrecht auf deine Arbeitskraft. Meistens ist vertraglich eine 40-Stunden-Woche zugrunde gelegt. In dieser Zeit bist du dazu verpflichtet, deine

Leistungen zu erbringen. Auf mehr hat dein Arbeitgeber kein Anrecht. Es bleibt dir vollkommen selbst überlassen, was du in deiner Freizeit machst. Im Art. 12 Grundgesetz steht, dass sich jeder seine Ausbildung und seinen Arbeitsplatz selber aussuchen darf. Das Gleiche gilt für die Gewerbefreiheit, die im § 1 der Gewerbeordnung geregelt ist. Du darfst alles tun, sofern es nicht durch ein anderes Gesetz beschränkt wird.

Da dein Arbeitgeber deine Grundrechte nicht einschränken darf, benötigst du für dein Feierabend-Startup keine Genehmigung. Es gibt aber sehr wohl eine Informationspflicht. Schließlich muss dein Arbeitgeber überprüfen können, ob seine berechtigten Interessen verletzt werden. Grundsätzlich empfehle ich, den Arbeitgeber zu informieren. Sollten die berechtigten Interessen nicht verletzt werden, dir dein Arbeitgeber die Tätigkeit aber dennoch untersagen, empfehle ich dir, einen Fachanwalt für Arbeitsrecht zu konsultieren.

Nochmal zusammengefasst: Zwei Faktoren sind ausschlaggebend. Durch dein Feierabend-Startup wird weder ein Gesetz verletzt, noch werden die berechtigten Interessen deines Arbeitgebers verletzt.

Drei berechtigte Interessen deines Arbeitgebers

- Konkurrenzschutz: Du darfst nicht in Konkurrenz zu deinem Arbeitgeber treten. Wenn du beispielsweise in einer Spedition arbeitest, darfst du als Feierabend-Startup nicht auch eine Spedition gründen.
- Volle Arbeitskraft: Deine Arbeitskraft muss voll einsatzfähig sein. Wenn du häufig zu spät kommst, müde bist oder deine Leistung stark nachlässt, kann dir dein Arbeitgeber die Nebentätigkeit untersagen. Wenn du bis morgens um 6 Uhr Codes programmierst und dann um 7 Uhr zur Arbeit gehst, wird es nicht lange dauern, bis dein Arbeitgeber deine Unproduktivität bemerkt.
- Ansehen des Arbeitgebers: Durch deine nebenberufliche Tätigkeit darf das Ansehen deines Arbeitgebers nicht beeinträchtigt werden. Wenn du dich beispielsweise abends noch vor der Webcam räkelst und gleichzeitig eine wichtige Position in einer Bank bekleidest,

kann es zu Unstimmigkeiten führen. Denn wenn die Kunden deinen Namen googeln, kommen sie nicht nur auf die Firmenseite oder das Xing-Profil, sondern auch auf das Impressum deiner Seite mit den heiklen Inhalten. Selbstverständlich sind auch Tätigkeiten zu unterlassen, die gegen die guten Sitten verstoßen. Diese sind aber ohnehin gewerberechtlich nicht erlaubt.

Insbesondere in den letzten Jahren konnte ich in meinen Gesprächen mit Gründern feststellen, dass Arbeitgeber auf das Thema Nebenberufliche Selbstständigkeit sehr positiv reagieren. Manche Chefs haben dem Arbeitnehmer sogar Unterstützung angeboten. Warum? Es ist naheliegend, dass die Fähigkeiten eines Arbeitnehmers, der sich nebenberuflich selbstständig macht, wachsen. Durch die Gründung eines Unternehmens werden wertvolle Eigenschaften wie die Übernahme von Verantwortung, unternehmerisches Denken und Handeln und die Innovationsfähigkeit geschult. Diese fließen wiederum in deinen Hauptjob mit ein.

Ein Arbeitgeber, der dir den Freiraum lässt, dich mit deinem Feierabend-Startup selbst zu verwirklichen oder dich sogar dabei unterstützt, kann dich langfristig vielleicht sogar von einer Kündigung abhalten. Ich träume von einer Zukunft, in dem Arbeitgeber ihren Mitarbeitern Projekte anvertrauen, die diese eigenverantwortlich als Feierabend-Startup mit Firmenressourcen aufbauen. Somit könnten intern wichtige Innovationen vorangebracht werden und die Zufriedenheit der Mitarbeiter dauerhaft erhöht werden.

Nebenerwerb anmelden als Beamter

Beamte haben eingeschränkte Grundrechte und dürfen beispielsweise nicht streiken. Im Gegenzug für die Übernahme der hoheitlichen Aufgaben bekommen sie einen Sold und eine Pension. Da der Verdienst und die Pension nicht mehr so üppig wie früher ausfallen, haben viele Beamte einen Nebenerwerb angemeldet. Doch nicht nur der finanzielle Anreiz ist ein Motivator, sondern auch die Aussicht auf ein Stück Entfaltungsfreiheit.

Genehmigung

Du benötigst die Genehmigung deines Dienstherrn, bevor du dein Feierabend-Startup anmeldest. Diese ist dir nur zu versagen, wenn deine Tätigkeit im Widerstreit mit der Behörde steht, deren Ansehen dadurch infrage gestellt wird oder allgemeine dienstliche Interessen beeinträchtigt werden. Diese Regelungen sind auch in § 99 ff. des Bundesbeamtengesetzes nachzulesen. Aber nun der Reihe nach:

> »...nach Art und Umfang die Arbeitskraft so stark in Anspruch nimmt, dass die ordnungsgemäße Erfüllung der dienstlichen Pflichten behindert werden kann ...« *§ 99 Absatz 2 1.*

Wann kann von einer Überbeanspruchung gesprochen werden? Wenn du öfters ausgelaugt den Dienst antrittst, zu spät kommst, häufig krank bist oder dauerhaft abwesend wirkst.

> »...die Beamtin oder den Beamten in einen Widerstreit mit den dienstlichen Pflichten bringen kann ...« *§ 99 Absatz 2 2.*

Ein Beispiel hierfür: Du baust als Polizeibeamter eine Sicherheitsfirma auf und stehst nachts an der Tür der örtlichen Diskothek. Dies steht im klaren Widerspruch zu deinen dienstlichen Pflichten, da somit eine Razzia behindert oder unterbunden werden könnte.

> »... in einer Angelegenheit ausgeübt wird, in der die Behörde, der die Beamtin oder der Beamte angehört, tätig wird oder tätig werden kann ...« *§ 99 Absatz 2 3.*

Wirtschaftliche Interessen dürfen deine Entscheidungen als Beamter nicht beeinflussen. Diese wäre zum Beispiel der Fall, wenn du in der örtlichen Baubehörde arbeitest und nebenberuflich Bauberatungen durchführst.

> »… Unparteilichkeit oder Unbefangenheit …« *§ 99 Absatz 2 4.*

> »… zu einer wesentlichen Einschränkung der künftigen dienstlichen Verwendbarkeit der Beamtin oder des Beamten führen kann …«

Wenn du bei der Bereitschaftspolizei arbeitest, musst du flexibel einsetzbar sein. Generell gilt: Sieht deine Tätigkeit zwingende Anwesenheitspflichten vor, die nicht verschiebbar sind, spricht vieles dafür, dass dein Feierabend-Startup nicht genehmigt wird.

> »… dem Ansehen der öffentlichen Verwaltung abträglich sein kann …«

Du darfst in deinen Nebenerwerb maximal 1/5 des Wochenpensums investieren. Bei einer 40-Stunden-Woche beträgt diese Zeit 8 Stunden pro Woche. Bei Beamten in Teilzeit wird trotzdem von einer 40-Stunden-Woche ausgegangen.

Der zusätzliche Verdienst darf maximal 40 Prozent deines Endgrundgehalts betragen. Nur ausnahmsweise darfst du mit deinem Feierabend-Startup mehr verdienen, nämlich dann, wenn du plausibel glaubhaft machst, dass du maximal 1/5 der wöchentlichen Arbeitszeit investierst und dienstliche Interessen uneingeschränkt wahrnehmen kannst. Beim Verdienst handelt es sich nicht um Umsatz, sondern um Gewinn.

Die Aufnahme einer Nebentätigkeit kann mit Auflagen und Bedingungen versehen werden und bei Beeinträchtigung dienstlicher Interessen widerrufen werden. Die Genehmigung muss in Schriftform erstellt werden. Zuständig ist die oberste Dienstbehörde, es sei denn, diese Aufgabe wurde an eine andere Dienstbehörde delegiert.

Die hier beschriebenen Regelungen gelten für Bundesbeamte. Bei Beamten des öffentlichen Dienstes oder des Landes sieht es ähnlich aus. Allerdings kann jedes Bundesland eigene Gesetze verfassen und ändern, weswegen du dich als Landesbeamter nochmal gesondert informieren solltest. Ein Anwalt, der auf Verwaltungsrecht spezialisiert ist, kann dir eine genaue Einschätzung geben. Eine weitere Anlaufstelle ist die zuständige Gewerkschaft.

Nebenerwerb anmelden als Student

Der Besuch einer Universität kann ein guter Ausgangspunkt für dein eigenes Unternehmen sein. Wo sonst kommst du mit so vielen jungen Menschen in Berührung und hast bestenfalls auch noch die nötige Zeit, dir nebenbei etwas aufzubauen?

Bei Studenten wird übrigens nicht von nebenberuflicher Selbstständigkeit gesprochen, sondern von einem Nebenerwerb, da du noch keinen Beruf ausübst.

Kindergeld

Beim Kindergeld gibt es keine Hinzuverdienstgrenze. Unabhängig vom Einkommen hast du als Schüler, Student im Erststudium oder Auszubildender bis zum 25. Lebensjahr Anspruch auf Kindergeld.

Nebenerwerb anmelden als Schüler

Auch als Schüler kannst du einen Nebenerwerb anmelden. Bist du noch nicht geschäftsfähig, musst du die Regelungen zu Gewerbeanmeldung beachten. Um in der Familienversicherung zu bleiben, darfst du maximal 415 Euro pro Monat dazuverdienen (Stand 2016). Bei Übersteigen dieses Wertes musst du dich selbst versichern, was sehr teuer werden kann.

Nebenerwerb anmelden als Arbeitsloser mit Arbeitslosengeld 1

Auch als Arbeitsuchender kannst du einen Nebenerwerb anmelden, wenn du folgende Faktoren berücksichtigst:

Dein maximaler Hinzuverdienst darf 160 Euro betragen. Darüber hinaus wird alles angerechnet, bis du bei 450 Euro bist. Ab dieser Grenze bist du sozialversicherungspflichtig und nicht länger arbeitslos (Stand 2016). Falls du unter dem Existenzminimum bleibst, kannst du bei der Arbeitsagentur zusätzlich Hartz 4 beantragen. Dein maximaler Zeiteinsatz beläuft sich auf 15 Stunden pro Woche. Du kannst den Gründerzuschuss beantragen. Personen, die Arbeitslosengeld 2 beziehen, empfehle ich, mit dem zuständigen Berater in der Agentur für Arbeit eine individuelle Strategie auszuarbeiten und sich gesondert zu informieren.

Nebenerwerb als Azubi

Grundsätzlich kannst du auch als Azubi einen Nebenerwerb anmelden. Allerdings haftet dein Arbeitgeber dafür, dass die betrieblichen Ausbildungsziele erreicht werden. Sind diese beispielsweise durch schlechte Leistungen in der Schule in Gefahr, darf dir die Tätigkeit untersagt werden.

Wenn du während der Ausbildung Unterstützung von der Arbeitsagentur in Form der Berufsausbildungsbeihilfe (BAB) bekommst, gibt es verschiedene Punkte zu beachten. Die Freigrenze für Nebenverdienste beträgt im Monat ohne Anrechnung auf die BAB 255 Euro. Bei den 255 Euro handelt es sich um Gewinn, nicht um Umsatz. Den Umsatz kannst du um deine Betriebsausgaben vermindern. Alles, was du darüber hinaus verdienst, wird auf die BAB angerechnet, nur das Kindergeld ist davon ausgeschlossen. Ansonsten gelten die gleichen Vorschriften wie bei Angestellten.

Teilzeit, Urlaub und Krankheit

Teilzeit

Du suchst den Königsweg? Führe in deinem Feierabend-Startup den Proof of Concept durch und schraube mit den ersten Umsätzen deine abhängige Beschäftigung auf ein Mindestmaß zurück. Du weißt nicht, ob du einen Anspruch auf Teilzeit hast? Ein solcher besteht. Der Gesetzgeber hat dafür extra das Teilzeit-Befristungsgesetz geschaffen. In § 8 wird der Anspruch des Arbeitnehmers geregelt. Auch leitende Angestellte und Personen in Schlüsselpositionen haben das Recht (§ 6 Abs. 1 TzBfG), ihre Stundenanzahl zu reduzieren.

Die Voraussetzungen sind überschaubar: Der Betrieb, in dem du arbeitest, braucht mehr als 15 Angestellte, Azubis ausgenommen, und dein Arbeitsverhältnis muss länger als sechs Monate bestehen. Du musst den Antrag auf Teilzeit spätestens drei Monate vorher schriftlich stellen und um die gewünschte Arbeitsverteilung ergänzen. Die Betonung liegt auf »gewünscht«, denn bei der Arbeitszeit solltest du dich mit deinem Arbeitgeber einigen. Der Arbeitnehmer darf durch die Teilzeit nicht schlechter gestellt werden, eine Kündigung ist in diesem Zusammenhang unwirksam. Die Teilzeit gilt als festgelegt, wenn dein Arbeitgeber nicht einen Monat vor Beginn deinen Antrag abgelehnt hat.

Wann darf die Teilzeit abgelehnt werden? Nur wenn dem Arbeitgeber unverhältnismäßig hohe Kosten entstehen, die Organisation, die Sicherheit oder die Prozesse erheblich beeinträchtigt werden. Ist die Teilzeit genehmigt, muss ein vorrangiges betriebliches Interesse bestehen, um die Regelung rückgängig zu machen. Möchtest hingegen du von Teilzeit auf Vollzeit aufstocken, bist du bei erneuter Stellenvergabe zu bevorzugen. Der Arbeitgeber muss dir aber nicht auf Verlangen eine volle Stelle anbieten.

Was passiert, wenn du arbeitslos wirst und zuvor in Teilzeit gearbeitet hast, um mehr Zeit in dein Feierabend-Startup investieren zu können? Die Arbeitsagentur kann von dir verlangen, dass du wieder eine Vollzeittätigkeit aufnimmst.

Urlaub

Dein wohlverdienter Jahresurlaub steht an, und du freust dich, dass du jetzt so richtig mit deinem Feierabend-Startup durchstarten kannst? Leider steht dir das Bundesurlaubsgesetz im Weg. Da du von deinem Arbeitgeber bezahlt wirst, obwohl du nicht arbeitest, darf dieser nämlich einen gewissen Erholungsgrad erwarten, wenn du zurückkehrst. Was bedeutet das konkret? Du darfst dir keine Tätigkeiten vornehmen, die dem Urlaubszweck widersprechen. Zwar darfst du im Himalaya ein Überlebenstraining durchführen, auf den Malediven Jet-Ski fahren oder deinem Nachbarn beim Hausbau helfen, aber eben keine Erwerbstätigkeit, die den Urlaubszweck beeinträchtigt oder ihm widerspricht.

Im Umkehrschluss bedeutet das, du kannst für dein Feierabend-Startup arbeiten, solange es dem Urlaubszweck nicht widerspricht. Erwerbstätigkeiten umfassen sowohl selbstständige als auch unselbstständige Tätigkeiten, wie du sie etwa als Angestellter ausübst. Was also widerspricht dem Urlaubszweck? Eine Arbeit, die im Großen und Ganzen sowohl in zeitlicher Hinsicht als auch im Umfang der Leistung der deines Haupterwerbs entspricht. Wahrscheinlich kann davon nicht gesprochen werden, wenn du am Montag zwei Stunden in die Buchhaltung investierst, am Dienstag und Mittwoch zwei Kundentermine hast und am Wochenende drei Stunden an deinem Webshop arbeitest. Wenn du dich mit dem zugehörigen Paragraphen sicherer fühlst, kannst du auch gerne im § 8 Bundesurlaubsgesetz nachlesen.

In einem Urteil vom Landesarbeitsgericht Köln, Urteil vom 21.09.2009, 2 Sa 674/09, wurde nochmals klargestellt, dass die maximale wöchentliche Arbeitszeit 48 Stunden betragen darf. Bei einer 6-Tage-Woche entspricht das 8 Stunden pro Tag. Die tägliche Arbeitszeit darf in besonderen Fällen auf 10 Stunden ausgedehnt werden, sprich auf 60 Stunden pro Woche. Bei einer 40-Stunden-Woche im Haupterwerb könntest du deinem Feierabend-Startup also 20 Stunden widmen. Das betreffende Urteil bezog sich auf eine 37-Stunden-Woche. Was bedeutet das auf den Urlaub bezogen? Wenn du im Urlaub 23 Stunden deinem Nebengewerbe nachgehst, kann noch nicht von ausufernder Arbeitszeit gesprochen werden. Problematisch ist aus Sicht des Gesetzes, wenn du während deines Urlaubs aus deinem Feierabend-Startup eine Vollzeittätigkeit machst.

Wöchentliche Arbeitszeit im Hinblick auf das Arbeitszeitgesetz

Das Urlaubszeitgesetz dient der Erholung und ist auf Erwerbstätigkeiten anzuwenden. Bei einer 6-Tage-Woche darfst du als Angestellter pro Woche 48 Stunden arbeiten, ausnahmsweise auch 60 Stunden. Für dein Feierabend-Startup gilt das Arbeitszeitgesetz nicht. Bei selbstständigen Tätigkeiten darfst du nämlich mehr arbeiten. Wichtig ist, dass die berechtigten Interessen deines Arbeitgebers nicht verletzt werden. Dies ist der Fall, wenn du bis in die frühen Morgenstunden am Rechner sitzt und dann um 7 Uhr müde und ausgelaugt im Büro erscheinst. Im Grunde spiegelt die maximale Arbeitszeit von 60 Stunden pro Woche die Leistungsfähigkeit eines Menschen wieder. Die zeitlichen Grenzen, die du für die Krankenversicherung beachten musst, gelten natürlich trotzdem.

Krankheit

Im Falle einer Krankheit darfst du keine Handlung unternehmen, die dem Genesungsprozess im Wege steht oder diesen verzögert. Ein Bauarbeiter, der wegen einer Grippeinfektion krankgeschrieben ist, darf keine Gartenarbeiten durchführen. Dabei spielt es keine Rolle, ob er diese erwerbsmäßig durchführt oder nur privat. Im schlimmsten Fall droht sonst eine verhaltensbedingte Kündigung. Ebenso darf der Gesangslehrer, bei dem die Stimmbänder gereizt sind, keinen privaten Gesangsunterricht geben. Bei einem Dachdecker, der sich den rechten Zeh gebrochen hat, spricht im ersten Moment nichts dagegen, noch eine Stunde am Tag auf der Couch etwas für sein Nebengewerbe zu programmieren. Schwierig wird es immer dann, wenn du Infekte wie Schnupfen, Grippe u. Ä. hast. In diesen Fällen brauchst du Ruhe und solltest überhaupt keiner Tätigkeit nachgehen. Dies empfiehlt sich nicht nur rechtlich, sondern kann sich wirklich gesundheitsfördernd auswirken. Nicht erlaubt ist es ebenso, in deiner Krankheitsphase dein Feierabend-Startup zum Haupterwerb zu transformieren.

Vielleicht kennst du den Spruch: Vor Gericht und auf hoher See ist man in Gottes Hand. Die rechtlichen Infos in diesem Kapitel können weder eine rechtliche Beratung ersetzen, noch sind sie als solche zu verstehen. Bevor du dein Feierabend-Startup beginnst, empfehle ich dir ausdrücklich, einen Spezialisten für Arbeitsrecht aufzusuchen. Dieser kann dir individuelle Empfehlungen geben.

Finanzen, Rücklagen- und Vermögensbildung: das passive Einkommen

Sowohl die klassische Betriebswirtschaft als auch herkömmliche Gründerberatungen sehen meistens vor, dass du dich verschuldest. Aber was passiert eigentlich, wenn du bei jemandem Schulden hast? Ich weiß, wovon ich spreche. Im Falle des Tiergesundheitszentrums, das ich im Jahr 2013 mitgegründet habe, sind wir zur Bank gegangen und haben einen Kredit über 200.000 Euro beantragt. Leider wurde uns dieser zunächst nicht genehmigt. Im ersten Antrag konnten wir die Voraussetzung des Kreditinstituts, schon nach eineinhalb Jahren den Break-even-Punkt zu erreichen, nicht erfüllen. Darunter versteht man die Gewinnschwelle. Nachdem wir auf dem Papier unsere Zahlen entsprechend angepasst hatten, war der Banker begeistert. Es wurde überhaupt nicht hinterfragt, ob unsere Annahmen auch realistisch sind. Schließlich weiß kein Gründer, was passiert und wie sich die Umsätze entwickeln. Dazu müsste man entweder die Zukunft voraussagen können oder zumindest belastbares Zahlenmaterial aus der Vergangenheit vorlegen können.

Leider gelang es uns nicht, unsere Zahlenvorgaben zu erfüllen, was uns die Bank ziemlich übelnahm. Wieder war ich erstaunt. Schließlich versuchte ich, der Bank zu erklären, dass es sich bei unserem Business

Case um einen explorativen Ansatz handelte. Also ein Herangehen, bei dem wir die Gegebenheiten bestmöglich nutzen, um an das gewünschte Ziel zu kommen. Daraufhin wurde uns beinahe der Kontokorrentkredit gestrichen, was die einzige Möglichkeit war, um Liquiditätsengpässe zu überbrücken. Wir merkten, wie abhängig wir vom Kredit und auch von der Bank waren. Geld ist immer an Bedingungen geknüpft – insbesondere geliehenes! Eine Bank will unter keinen Umständen ein Risiko eingehen und Geld verlieren.

> »Ein Bankier ist ein Kerl, der Ihnen bei schönem Wetter einen Regenschirm leiht und ihn zurückverlangt, sobald es regnet.«
> *Mark Twain*

Wie würde ich das Tiergesundheitszentrum heute gründen? Definitiv ohne Fremdmittel! Zuerst würde ich zum Kunden fahren, um mich bekannt zu machen. Vielleicht würde ich mich auch in eine fremde Praxis einmieten, bis ich genügend Geld aus eigenen Mitteln gespart habe. Für dein Feierabend-Startup empfehle ich dir, auf keinem Fall einen Kredit aufzunehmen. Stattdessen lege ich dir Bootstrapping ans Herz. Was bedeutet das? Du wächst aus eigenen Mitteln und kannst dadurch vollkommen unabhängig die für dich richtigen und stimmigen Entscheidungen treffen.

Wenn du für dein Feierabend-Startup Maschinen oder Werkzeuge benötigst, musst du dir nicht gleich eine Werkstatt einrichten. Besser ist es, dir das, was du brauchst, am Anfang kurzfristig zu mieten oder zu leasen. Wenn du Verkaufsräume benötigst, ist ein Pop-up-Store die ideale Möglichkeit, um deine Produkte und Waren zu testen.

Warum ist dein Feierabend-Startup die beste Möglichkeit, Vermögen aufzubauen? Im besten Fall baust du Werte auf. Klassische Lohnarbeit bezeichne ich gern als lineares Aktiveinkommen. Dein Gehalt bleibt immer in derselben Range, von ein paar kleineren Ausschlägen nach oben oder nach unten abgesehen. Wenn du über einen längeren Zeitraum schwer krank wirst oder nicht mehr arbeiten möchtest und kündigst, hört der Geldstrom auf zu fließen. Es ist mit einem Hamster im Laufrad vergleichbar.

Baust du dir dagegen parallel ein erfolgreiches Feierabend-Startup auf, kombinierst du die beste Lösung aus beiden Welten. Du nutzt einerseits den Kapitalstrom des Aktiveinkommens, um dir andererseits ein passives Einkommen aufzubauen. Nehmen wir an, du schreibst ein E-Book, entwickelst einen Onlinekurs oder handelst mit Produkten. Alle diese Produkte sind skalierbar und einfach umzusetzen. Du benötigst lediglich einen Onlineshop, der den Verkauf automatisiert abwickelt, oder einen Dienstleister, der beispielsweise Verpackung und Versand für dich erledigt. Der große Vorteil für dich: Du brauchst nicht direkt vor Ort zu sein. Falls du krank oder im Urlaub bist, läuft der Prozess problemlos ohne dich weiter.

Viele Menschen investieren viel Zeit und Geld in ihr lineares Aktiveinkommen. Dazu gehören beispielsweise Firmen-Workshops, Geschäftsessen und Überstunden. Ich habe einen Freund bei einer Unternehmensberatung, der mir gesagt hat, dass er nur fünf Jahre seines Lebens opfern müsse, dann hätte er es geschafft. Ist das wirklich so? Oder wird das »dann« nur durch weitere Motivationsreden ausgetauscht? Ich rate dir: Bleib stehen und steig aus dem Hamsterrad aus – aber zur richtigen Zeit! Und die ist dann, wenn dein Feierabend-Startup läuft. Weitere passive Einkommensquellen sind beispielsweise Immobilien und Aktien. Hier fließt meistens permanent Geld zurück, egal wo du gerade bist und ob du etwas dafür machst.

Du kannst dein Feierabend-Startup keinesfalls verwirklichen, ohne auf Fremdkapital zurückzugreifen? Nutze die Bonität aus deinem Hauptjob, um einen Kredit zu beantragen. Als Angestellter ist es nämlich relativ leicht, an eine überschaubare Summe zu gelangen. Bei einem Vollgründer sieht das anders aus: Eine Gründungsfinanzierung ist sehr umfangreich und bedarf einer komplexen Planung. Hier gibt es günstige KfW-Darlehen über die Hausbank, aber die Bank darf auch hier das Geld nicht verlieren. Das Risiko, einem jungen Unternehmen Geld zu geben, ist aber sehr hoch. Dementsprechend umfangreich ist die Aufarbeitung der Unterlagen. Wenn du für dich privat eine Immobilie oder ein Auto finanzieren möchtest, bekommst du meist in den ersten drei Jahren nach Gründung gar keinen Kredit und danach nur dann, wenn alle

Zahlen stimmen und du zahllose Unterlagen bei der Bank abgegeben hast. Planst du schon jetzt, aus deinem Feierabend-Startup irgendwann einen Vollerwerb zu machen, muss dir bewusst sein, dass deine Bonität bei Banken in den ersten drei Jahren sehr gering ist. Möchtest du in Immobilien investieren, solltest du das vor einer Vollgründung abwickeln.

Wie sieht es mit Förderungen aus? Wähle mit Bedacht aus, welche du in Anspruch nimmst. Um an Fördergelder zu kommen, sind komplexe Antragsprozeduren und eine gründliche Vorbereitung notwendig. In dieser Zeit könntest du dir auch Gedanken machen, wie du dein Feierabend-Startup mit positiven Cashflows gestalten kannst, um dein Geschäftskonzept attraktiver und besser zu machen. In großen Konzernen gibt es ganze Abteilungen, die nur darauf spezialisiert sind, Förderungen und Anschubfinanzierungen zu finden und zu beantragen. Immerhin rühmt sich der Staat damit. Wahrscheinlich würde dir ein Abbau der Bürokratie mehr helfen, damit du schneller und einfacher gründen kannst.

Es ist wichtig, dass du rechtzeitig damit beginnst, Rücklagen zu bilden. Diese verschaffen dir die Möglichkeit, zum richtigen Zeitpunkt in den Vollerwerb zu wechseln oder Investitionen für dein Feierabend-Startup zu tätigen. Sieh Geld als Mittel zum Zweck an. Als Unternehmer kommen immer irgendwelche Kosten auf dich zu – oft auch unvorhersehbar und unerwartet. Je größer dein finanzielles Polster ist, umso selbstsicherer kannst du mit Lieferanten verhandeln, da du beispielsweise größere Mengen abnehmen kannst.

Auflösung – »Scheitern« ist erlaubt

Was ist dein absolutes Worst-Case-Szenario in Bezug auf dein Feierabend-Startup? Ich tippe darauf, es beinhaltet die Worte »Pleite gehen«, »Es auflösen müssen« oder gar »Insolvenz beantragen«. In diesem Kapitel möchte ich dir die Angst vor diesem Schritt nehmen. Es ist ganz normal, dass du dich von Ideen verabschieden musst und dich eventuell auch von Gesellschaften trennst. Auch ich musste das – und bin noch immer selbstständig. Du kannst es mit deiner Beziehung vergleichen. Im Normalfall gehst du nur dann eine feste Bindung ein, wenn du das Gefühl hat, es könnte für immer halten. Trotzdem kann es passieren, dass ihr euch auseinanderlebt, jemanden anderen kennenlernt oder euch schlichtweg die Liebe abhandenkommt. Auch wenn du es nicht wolltest – solche Dinge passieren. Auch wenn es Beziehungen gibt, die für die Ewigkeit gemacht sind: Manche Trennungen gehen auch mit einem befreienden Gefühl einher.

Kennst du die sogenannten FuckUp Nights? In Großstädten wie Hamburg, München oder Berlin erzählen Gründer von ihren größten Fehlschlägen. Ein sehr schönes Format, das dir eine andere Sichtweise auf sogenannte »Misserfolge« ermöglicht. Oft sind diese nämlich die Grundlage für durchschlagende Erfolge! Es ist wichtig, dass du als Gründer eines Feierabend-Startups Ausdauer mitbringst und dich nicht von der ersten Niederlage entmutigen lässt. Glaube mir, solche Dinge passieren und sind ganz normal. Du bist an einem absoluten Tiefpunkt und weißt nicht mehr weiter? Dann schreib mir eine Mail an info@feierabendstartup.de. Wenn du erst mal hörst, was bei mir schon alles schiefgegangen ist, wirst du schnell neuen Mut schöpfen.

Wenn du dein Feierabend-Startup auflösen willst, gibt es einiges zu beachten. Als Erstes solltest du dein Gewerbe abmelden, was auch rückwirkend erfolgen kann. Dies kann durchaus Sinn machen, da du dir einen erneuten Geschäftsabschluss, sprich eine Einnahmen-Überschuss-Rechnung oder eine Bilanz und Gewinn- und Verlustrechnung sparst. Ein kalendarisches Beispiel: Momentan ist Februar, du meldest dein Gewerbe aber zum 31.12. des Vorjahres ab. Die IHK, sofern deine Befreiungszeiten vorüber sind und der Gewerbeertrag mehr als 5.200 Euro beträgt, wird für das angefangene Jahr voll berechnet. Du solltest vorsorglich proaktiv die Urkunde der Gewerbeaufgabe zur Handels- oder Handwerkskammer schicken. Die Gewerbeabmeldung ist in der Regel kostenlos, wobei jedes Gewerbeamt eigene Regelungen hat.

Eine zweite Meldung sollte an das Finanzamt gehen. Normalerweise wird das Finanzamt über deine Gewerbeaufgabe über den Behördenweg informiert. Im Falle einer freiberuflichen Tätigkeit muss nur das Finanzamt informiert werden. Allerdings sind die Kosten bei einem Solo-Selbstständigen überschaubar. Solange dir das Finanzamt Betriebsausgaben anerkennt und du den Status der Liebhaberei nicht hast, kannst du weiterhin Kosten mit anderen Einkunftsarten verrechnen. So führen Verluste zu Steuererstattungen auf die vom Lohn abgeführte Einkommenssteuer. Ich appelliere an jeden, hierbei Mäßigkeit wirken zu lassen, da eine Betriebsprüfung den Status Gewerbebetrieb auch rückwirkend aberkennen kann.

Vergiss nicht, alle Verträge zu kündigen, die deinen Nebenerwerb betreffen. Im Idealfall hast du von Anfang an darauf geachtet, keine Dauerschuldverhältnisse einzugehen. Verträge sollten maximal zwölf Monate laufen. Diese müssen natürlich fristgerecht gekündigt und bis zum Vertragsende bedient werden.

Wenn du eine GbR gegründet hast und aus dieser aussteigst, haftest du fünf Jahre lang mit deinem gesamten Vermögen für Verbindlichkeiten, die bis zu deinem Ausstieg begründet wurden. Gleiches gilt, wenn du für dein Feierabend-Startup die Rechtsform OHG gewählt hast. Also, Augen auf, wenn du in solche Gesellschaften einsteigst. Wenn du mit deinen Kollegen eine Gesellschaft gegründet hast, wurden im Gesellschaftervertrag Kündigungsfristen festgehalten. Prüfe, ob eine Klausel enthalten ist, die eine Kündigung bis zu einem bestimmten Zeitpunkt ausschließt.

Eine Kündigung aus wichtigem Grund ist immer möglich. Dieser darf jedoch nicht subjektiv sein, die Hürden liegen hier sehr hoch. Um eine grobe Pflichtverletzung festzustellen, muss hier vorsätzlich oder grob fahrlässig gehandelt worden sein. Aus diesem Grund ist die Wahl der passenden Rechtsform für dein Feierabend-Startup so wichtig. Gerade durch die rechtlichen Beziehungen der Gesellschafter untereinander wird es schnell kompliziert. Nimm dir unbedingt genügend Zeit für das Thema Gesellschaftsvertrag.

Wenn du aus einer OHG, KG, GmbH oder UG austrittst oder eine Liquidation vorgenommen wird, muss die Auflösung von einem Notar beglaubigt werden. Dieser nimmt auch die Löschung im Handelsregister vor. Die Gesellschaft besteht dennoch ein Jahr als Liquidationsgesellschaft fort, bei der Gläubiger noch Forderungen anmelden können. Ich empfehle dir als Rechtsform für dein Feierabend-Startup die UG, da bei dieser die Haftung beschränkt ist. Beim Ausscheiden haftest du für keine Verbindlichkeiten und keine Gewährleistung, sofern du deine Einlage gezahlt hast und diese nicht wieder zurückgeflossen ist.

Gewährleistung

Schließt ein Konsument mit einem Unternehmen, in diesem Fall deinem Feierabend-Startup, einen Kaufvertrag ab, so können Gewährleistungsansprüche entstehen. Bei einem Gefahrenübergang, sprich, dein Kunde erhält das Produkt, muss die Sache mangelfrei übergeben werden. Auch beim Gefahrenübergang selbst darf kein Mangel entstehen. Ein Beispiel ist ein Computer, der nach drei Monaten kaputtgeht. Es gibt die sogenannte Beweislastumkehr. Bis zum sechsten Monat nach dem Kauf muss der Hersteller oder Verkäufer beweisen, dass das Gerät mangelfrei übergeben wurde und dass der Käufer den Schaden verursacht hat. Danach muss der Käufer die Mängelfreiheit des Gerätes beweisen. Die Gewährleistung bei elektronischen Artikeln besteht zum Beispiel zwei Jahre. Falls du ein Gewerbe aufgibst, können also auch noch nach der Aufgabe Gewährleistungsansprüche auf dich zukommen.

Besonderheiten für Österreich und Schweiz

Du wohnst in Österreich oder in der Schweiz? Auch dort ist es grundsätzlich möglich, ein Feierabend-Startup aufbauen. Die gesetzlichen Regelungen unterscheiden sich nur in wenigen Punkten von denen in Deutschland. Es gibt andere Sozialversicherungsträger, unterschiedliche Bezeichnungen für freie Berufe und Gewerbe und natürlich andere Steuersätze, Freibeträge und Rechtsformen. Auch als Österreicher oder Schweizer ist dein Feierabend-Startup eine gute Möglichkeit, dein unternehmerisches Potenzial zu entfalten.

Anwälte und Steuerberater kosten viel Geld, und die Abrechnung erfolgt auf Stundenbasis. Dein Ziel sollte sein, dich gezielt auf solche Gespräche vorzubereiten, damit du wertvolle Zeit sparst. Aus meiner Sicht macht es auch in Österreich und in der Schweiz Sinn, einen Fachanwalt für Arbeitsrecht, Gesellschaftsrecht (falls eine Gründung im Team erfolgen soll) und einen Steuerberater aufzusuchen. Nur diese dürfen dir von Gesetzes wegen fallbezogene Empfehlungen geben.

Servus! Dein Feierabend-Startup in Österreich

Arbeitsvertrag

In Österreich sind die Rechte des Arbeitgebers stärker in der Gesetzgebung verankert als in Deutschland. Grundsätzlich können in deinem Arbeitsvertrag nebenberufliche Tätigkeiten ausgeschlossen werden. Außerdem besteht eine Meldepflicht, damit dein Arbeitgeber prüfen kann, ob seine berechtigten Interessen verletzt werden. Die Regelungen zum Nebenerwerb findest du im § 7 des österreichischen Angestelltengesetzes. Sieht ein Arbeitsvertrag keinen Ausschluss für eine Nebentätigkeit vor, so darfst du trotzdem nicht in Konkurrenz zu deinem Arbeitgeber treten. Auch dessen Ansehen darf nicht beeinträchtigt werden. Du bist verpflichtet, deine Arbeitskraft voll einzubringen. Auch Handelsvertretertätigkeiten sind genehmigungspflichtig. Dafür unterliegst du als nebenberuflich Selbstständiger keiner Beschränkung auf eine bestimmte Arbeitszeitlänge. Die einzige Voraussetzung: Du darfst durch dein Feierabend-Startup nicht ausgelaugt oder erschöpft sein. Hol dir unbedingt die schriftliche Erlaubnis deines Arbeitgebers.

Sozialversicherung

Anders als in Deutschland kannst du es dir als Selbstständiger nicht aussuchen, ob du dich privat oder gesetzlich versicherst. Es besteht grundsätzlich ein Sozialversicherungszwang, der Folgen für deinen Nebenerwerb hat. In Deutschland wird nur der Arbeitsmittelpunkt mit Sozialabgaben belastet. Einnahmen aus deinem Nebenerwerb bleiben sozialabgabenfrei. Für alle Gründer, egal ob im Haupt- oder Nebenerwerb, gibt es dafür eine jährliche Grenze von 30.000 Euro Umsatz oder 4.988,64 Euro Gewinn. Wenn du glaubhaft machen kannst, dass die Einnahmen und Umsätze des Geschäftsjahres unterhalb dieser Grenze bleiben, kannst du einen Antrag auf eine Befreiung von der Sozialversicherung stellen. Der Antrag ist bei der Sozialversicherungsanstalt der gewerblichen Wirtschaft (SVA) zu stellen. Du kannst ihn unter http://www.svagw.at downloaden. Allerdings werden alle Einkünfte betrachtet. Kombinierst du die jährlichen Einnahmen deiner Angestelltentätigkeit mit denen deines Feierabend-Startups, ist die Situation individuell zu prüfen.

Weitergehende Informationen gibt es hier:
- http://www.svagw.at
- https://www.wko.at

Über den Steuerbescheid wird geprüft, ob du die Grenzwerte eingehalten hast. Du musst mit erheblichen Nachzahlungen rechnen, wenn du Grenzen oder geschätzte Angaben überschritten hast.

Für die Unfallversicherung wird ein fixer Betrag von ca. 10 Euro monatlich fällig. Die anderen Versicherungen werden relativ zum Einkommen bis zur Bemessungsgrenze berechnet. Die Grenze lag im Jahr 2016 bei 68.040 Euro. Durch die Übermittlung der Steuernummer werden die Daten vom Finanzamt automatisch der SVA mitgeteilt. Der Beitragssatz für die Krankenversicherung beträgt gegenwärtig 7,65 Prozent, der für die Pension (Rente, Altersvorsorge) liegt bei 22,8 Prozent. In Österreich wird kein separates Pensionskonto für die Versicherten angelegt. Es handelt sich um ein rein umlagefinanziertes Sozialsystem. Der demografische Wandel und die häufig prognostizierte Überalterung der Gesellschaft werden auch hier Spuren hinterlassen.

Die Mindestbemessungsgrundlage für die Pensionsversicherung liegt bei 723,52 Euro (davon 22,5 Prozent ergibt eine Summe von mindestens

162,79 Euro monatlich) und für die Krankenversicherung bei 415,72 Euro (davon 7,65 Prozent ergeben mindestens 31,74 Euro monatlich). Dieser Wert passt sich jedes Jahr an. Diese Werte beziehen sich auf das Jahr 2016.

Gewerbe anmelden

Auch in Österreich musst du ein Gewerbe anmelden, wenn du dauerhaft und regelmäßig mit der Absicht, Gewinn zu erzielen, einer selbstständigen Tätigkeit nachgehen willst.

Jeder Einzelunternehmer ist dazu verpflichtet, den vom Finanzamt vorgegebenen Fragebogen Verf. 24 auszufüllen. Das Formular Verf. 15 gilt für Kapitalgesellschaften, das Formular Verf. 16 für Personengesellschaften. Die Gewerbeanmeldung kann bei der Wirtschaftskammer elektronisch durchgeführt werden (https://www.wko.at/). Bei der Gewerbeanmeldung ist zu unterscheiden, ob es sich um ein reglementiertes oder um ein freies Gewerbe handelt. Ein Finanzdienstleister ist beispielsweise ein reglementiertes Gewerbe und kann nur mit spezieller Erlaubnis ausgeführt werden.

Selbstständige

Wie es in Deutschland die freien Berufe gibt, so existieren in Österreich die selbstständigen Berufe. Diese sind meistens in eigenen Kammern organisiert und brauchen keinen Gewerbeschein. Voraussetzung für diese Tätigkeiten ist eine besondere Qualifikation (wie sie beispielsweise Ärzte oder Rechtsanwälte haben) oder eine schöpferische Begabung.

Neue Selbstständige

Um den Sozialversicherungsschutz auszuweiten, hat der österreichische Gesetzgeber im Jahr 1997 neue Berufe in die Sozialversicherungspflicht eingegliedert. Dabei handelt es sich um Tätigkeiten, die bis dato nicht unter das Sozialversicherungsgesetz fielen. Klassische Berufsgruppen der neuen Selbstständigen sind freie Journalisten, Animateure oder selbstständige Krankenpfleger. Für diese Tätigkeiten musst du kein Gewerbe anmelden, es gibt aber auch keine eigenen Kammern. Du wirst normales Mitglied in der SVA.

Steuerfreigrenze

Jeder österreichische Bürger ist dazu verpflichtet, ab einem gewissen Einkommen eine Steuererklärung zu machen. Dieses beginnt bei einer abhängigen Beschäftigung bei 12.000 Euro und bei einer Selbstständigkeit bei 730 Euro Umsatz im Jahr. Ab 11.000 Euro jährlich gilt der Eingangssteuersatz von 25 Prozent (Stand 2016). Ab 18.000 Euro jährlich müsstest du bereits 35 Prozent bezahlen. Es handelt sich hierbei um Grenzsteuersätze, die auf maximal 55 Prozent ansteigen, wenn du mehr als eine Million Euro pro Jahr verdienst.

Ein Beispiel soll dir die Steuerfreigrenze verdeutlichen:

Nehmen wir an, du verdienst pro Jahr 20.000 Euro. Davon werden 11.000 Euro überhaupt nicht besteuert. Auf deinen Verdienst, der zwischen 11.000 Euro und 18.000 Euro liegt, zahlst du 25 Prozent. Auf den Verdienst zwischen 18.000 Euro und 20.000 Euro zahlst du 35 Prozent.

0 Euro – 11.000 Euro = 11.000 Euro * 0,00 = 0 Euro
11.000 Euro – 18.000 Euro = 7.000 Euro * 0,25 = 1.750 Euro
18.000 Euro – 20.000 Euro = 2.000 Euro * 0,35 = 700 Euro
Deine Steuerlast beträgt insgesamt 2.450 Euro.

Umsatzsteuer

Auch in Österreich gibt es eine Kleinunternehmerregelung. Für Unternehmen mit einem Jahresumsatz von weniger als 30.000 Euro besteht keine Umsatzsteuerpflicht. Dann gibt es noch Betriebe, die eine »unechte Steuerbefreiung« haben, wie Ärzte, Versicherungen und Banken. Diese weisen, unabhängig vom Umsatz, gar keine Umsatzsteuer aus.

In Österreich gibt es drei verschiedene Umsatzsteuersätze:

- 20 Prozent auf Dienstleistungen und Waren
- Ermäßigte 10 Prozent auf Lebensmittel und Bücher
- Einen speziellen Steuersatz in Höhe von 13 Prozent für Wein, der ab Hof verkauft wird

Rechtsformen

Die Rechtsformen in Österreich ähneln denen in Deutschland. Ein österreichisches Einzelunternehmen haftet mit seinem ganzen Vermögen für Verbindlichkeiten. Du kannst dich als Einzelunternehmer freiwillig ins Firmenverzeichnis eintragen lassen, giltst dann allerdings in Österreich als Kaufmann. In Österreich ist die GesbR das Pedant zur deutschen GbR. Diese Gesellschaft entsteht, wenn sich mindestens zwei Personen oder Gesellschafter beteiligen, um für einen gemeinsamen Zweck Arbeit und/oder Vermögen einzubringen. Auch bei der GesbR haften alle Gründer mit ihrem privaten Vermögen. Wenn du als Kaufmann tätig bist oder dich in das Firmenverzeichnis eintragen lässt, firmierst du automatisch unter einer Offenen Gesellschaft (OG). Dies entspricht der deutschen Offenen Handelsgesellschaft (OHG). Auch bei dieser Rechtsform gilt die volle Haftung mit dem Privatvermögen. Zwar besteht für den Gesellschaftervertrag keine Schriftformerfordernis, ich rate dir allerdings dringend dazu, einen schriftlichen Vertrag aufzusetzen.

Wenn du die Haftung beschränken möchtest, empfiehlt sich die Rechtsform der GesmbH, die mit der deutschen GmbH vergleichbar ist. Normalerweise beträgt das Haftungskapital 35.000 Euro. Gründer in Österreich haben das Privileg, für die ersten zehn Jahre ein Stammkapital von nur 10.000 Euro zu zahlen, wobei 5.000 Euro bei Eintragung der GesmbH eingezahlt werden müssen. Eine UG oder Limited mit nur einem Euro oder Pfund als Stammkapital gibt es in Österreich (noch) nicht.

Grüezi! Das Feierabend-Startup in der Schweiz

Ein Angestellter in der Schweiz hat gegenüber dem Arbeitgeber Treuepflichten zu wahren. Das steht im OR 321a Abs. 1 (Obligationenrecht). Unter Treuepflicht sind folgende Punkte zu verstehen:

- Betriebseinrichtung darf nicht für private Zwecke benutzt werden.
- Es dürfen keine Kunden und Lieferanten des Arbeitgebers abgeworben werden.
- Im Betrieb sind keine Unruhe stiftende Tätigkeiten erlaubt.
- Unsittliches Verhalten ist nicht erlaubt, außerdem darf nichts unternommen werden, was dem Ansehen des Arbeitgebers abträglich ist.

Im Obligationenrecht findest du auch die Regelungen zum Konkurrenzverbot. Verstößt du dagegen, droht dir die fristlose Kündigung. Sofern in deinem Arbeitsvertrag eine Genehmigungspflicht steht, musst du dieser nachkommen. In jedem Fall musst du deinem Arbeitgeber mitteilen, dass du dich nebenberuflich selbstständig machst. Dieser muss nämlich die Chance haben, zu prüfen, ob eine seiner berechtigten Interessen verletzt wird. Problematisch sind auch Tätigkeiten, die bereits während der Kündigungsfrist aufgenommen werden. Hier musst du besonders darauf achten, dass du während des noch bestehenden Arbeitsverhältnisses keine operativen Tätigkeiten für dein Feierabend-Startup ausführst.

Sozialversicherung

Auch in der Schweiz gibt es Sozialversicherungsträger. Nebeneinkünfte bis 2.300 CHF pro Kalenderjahr sind sozialabgabenfrei, können aber auf eigenen Wunsch erhoben und abgeführt werden. Für Einnahmen oberhalb dieser Summe müssen Sozialabgaben gezahlt werden. Sie belaufen sich auf 12,45 Prozent der Einnahmen, wobei du dir bei deinem Angestelltenverhältnis die Beiträge mit deinem Arbeitgeber teilst. In der Schweiz sind die Sozialabgaben wesentlich niedriger als in Deutschland. Allerdings sind die Sozialleistungen der Versicherungsträger auch nur in dem Zusammenspiel mit privaten Absicherungen adäquat. Eine Beitragsbemessungsgrenze, wie sie in Deutschland oder Österreich besteht, gibt es in der Schweiz nicht. Du musst die Tätigkeit bei der Allgemeinen Ausgleichskasse AHV anmelden (www.ahv-iv.ch).

Umsatzsteuer

Ab einem jährlichen Umsatz von 100.000 CHF wird dein Unternehmen mehrwertsteuerpflichtig (Stand 2016). Mit dem Eintritt der Steuerpflicht solltest du dich unaufgefordert bei der Eidgenössischen Steuerverwaltung ESTV (www.estv.admin.ch) anmelden.

Einkommenssteuer

Auch wenn das Leben in der Schweiz relativ teuer ist, so sind die geringen Steuersätze für Unternehmen unheimlich attraktiv. Die einheitliche Bundessteuer liegt landesweit bei 7,83 Prozent vom Gewinn, die kantonale Gewinnsteuer liegt zwischen 4,4 und 19 Prozent und die kommunale Gewinnsteuer bei 4 bis 16 Prozent. Die Kantone stehen in einem Steuerwettbewerb und machen sich gegenseitig Konkurrenz. Je nachdem, wo du lebst und wo der Sitz deiner Firma ist, kannst du deine Steuerbelastung erheblich senken. Voraussetzung hierfür ist allerdings, dass du Gewinne erzielst. In den ersten Jahren nach der Gründung können diese auch ausbleiben.

Rechtsformen

Einzelfirma
Die Einzelfirma ist das Pendant zum deutschen Einzelunternehmen. Ab einem Umsatz von 100.000 CHF im Jahr ist hier eine Eintragung ins Handelsregister Pflicht. Dein Familienname sollte im Firmennamen enthalten sein. Die Gründung eines Einzelunternehmens hat zunächst den Vorteil, dass du alleine, schnell und mit geringen Gründungskosten starten kannst. Auf der anderen Seite kann sich niemand an deinem Geschäft beteiligen, und du haftest mit deinem gesamten privaten Vermögen.

Kollektivgesellschaft
Die Kollektivgesellschaft entspricht der deutschen GbR. Hier müssen sich mindestens zwei Gesellschafter zu einer Gesellschaft zusammenschließen. Der Vorteil dieser Rechtsform ist der günstige und schnelle Gründungsprozess. Beim Gesellschaftervertrag solltest du dir allerdings Zeit nehmen und alle Details gründlich klären. Auch nach außen haften alle gemeinsam und gesamtschuldnerisch mit ihrem gesamten Vermögen.

Einfache Gesellschaft
Die einfache Gesellschaft ähnelt stark der Kollektivgesellschaft, unterliegt aber der Einschränkung, dass sie nur für einen bestimmten Zeitraum ins Leben gerufen wird.

GmbH
Die GmbH kann mit 20.000 CHF Stammkapital gegründet werden. Die Eintragung ins Handelsregister ist Pflicht, und eine Satzung (Gesellschaftervertrag) muss notariell beurkundet werden. Für die Gründungs-

prozedur muss allerdings eine Summe von bis zu 7.000 CHF investiert werden. Der große Vorteil der GmbH liegt in der weitgehenden Freizügigkeit, was die Gestaltung des Gesellschaftsvertrages betrifft, und in der Haftungsbeschränkung. Letztere ist besonders interessant, wenn du im Team gründen möchtest.

Bis heute gibt es in der Schweiz kein Pendant zur Limited oder zur UG, wo bereits mit einem Euro gegründet werden kann.

Checkliste

- ✓ Möglichkeiten und Einschränkungen der nebenberuflichen Selbstständigkeit prüfen wie den Arbeitsvertrag, Teilzeitanspruch, Grenze beim Hinzuverdienst und Zeiteinsatz
- ✓ Schriftliche Genehmigung vom Dienstherrn oder Arbeitgeber einholen
- ✓ Rechtsform wählen
- ✓ Gewerbeanmeldung oder freiberufliche Tätigkeit anmelden
- ✓ Steuerlichen Erfassungsbogen ausfüllen
- ✓ Antrag auf IHK-Befreiung stellen
- ✓ Falls Scheinselbstständigkeit droht: Befreiungsantrag V0050 stellen
- ✓ Geschäftskonto einrichten
- ✓ Firmensitz wählen: Homeoffice, Coworking Space und Co.
- ✓ Buchhaltung von Anfang an sinnvoll aufbauen, um langfristige Probleme zu vermeiden
- ✓ Versicherungen und geschäftliche Verträge abschließen, dabei möglichst keine Dauerschuldverhältnisse über zwölf Monate hinaus eingehen

Der Weg zum Kunden

In diesem Kapitel will ich dir eine sehr moderne Möglichkeit vermitteln, wie der potenzielle Kunde in unserer digitalen Welt den Weg zu deinem Produkt oder Dienstleistung findet. Ich werde dir einige Programme, Browseranwendungen und Softwaretools vorstellen, mit denen ich selbst gearbeitet habe oder die ich aktuell nutze. Es sind meine ganz persönlichen Empfehlungen bzw. Erfahrungswerte, und ich bekomme keine Vergütung für die Nennung einzelner Programme in diesem Buch.

Ein Überblick über das Marketing

Bevor wir uns dem Thema Marketing widmen, sollten wir klären, was der Begriff überhaupt bedeutet. Laut Wikipedia bezeichnet der Begriff Marketing oder Absatzwirtschaft zum einen den Unternehmensbereich, dessen Aufgabe es ist, Produkte und Dienstleistungen zu vermarkten; zum anderen wird dadurch ein Konzept der ganzheitlichen, marktorientierten Unternehmensführung zur Befriedigung der Bedürfnisse und Erwartungen von Kunden und anderen Interessengruppen beschrieben. Du kannst sowohl offline als auch online Werbung für deine Produkte und Dienstleistungen machen. Dabei sollte deine Priorität beim Onlinemarketing liegen. Selbst wenn du ein lokales Geschäft betreibst, ist es ratsam, neue Ideen und Prozesse in eine Onlinekomponente umzuwandeln.

Dabei solltest du deinen Fokus auf Google legen. Mit einem Marktanteil von 95 Prozent ist es dem amerikanischen Unternehmen gelungen, die Nummer eins zu sein, wenn Menschen Antworten auf ihre Fragen und Treffer zu ihren Suchen im Internet bekommen möchten. Natürlich gibt es noch viele weitere Suchmaschinen. Dank ständiger Weiterentwicklung, klaren Richtlinien und einem mittlerweile erheblichem Vorsprung vor der Konkurrenz wächst Google immer weiter.

In diesem Zusammenhang fällt oftmals die Abkürzung SEM. Darunter versteht man Search Engine Marketing oder zu deutsch Suchmaschinen-Marketing. SEO hingegen steht für Search Engine Optimization und bedeutet Suchmaschinen-Optimierung. Desweiteren beleuchten wir SEA, das sogenannte Search Engine Advertising, oder auch Suchmaschinen-Werbung.

Worin liegt nun deine Chance für dein Feierabend-Startup? Noch immer haben viele Websitebetreiber noch nicht verstanden, dass Google eine rein textbasierte Suchmaschine ist. Du solltest darauf hinarbeiten, bei Google auf Seite eins zu landen. Das ist die beste Art und Weise, auf dein Angebot aufmerksam zu machen. Es sind etliche Faktoren notwendig, um auf die vorderen Plätze zu gelangen. Die ständige Arbeit an der Verbesserung der Faktoren nennt sich organisches Wachstum.

Eine Ära geht zu Ende – Vorhang auf für eine neue Marketingmethode

In einer Zeit, in der wir alles besitzen und im Überfluss leben, wird es immer schwieriger, sich als neuer Wettbewerber zu behaupten. Durch die ständig auf uns einprasselnde Werbung sind wir nahezu unempfänglich für deren Inhalte geworden. Man sagt dazu auch Bannerblindheit. Oft sind wir einfach nur genervt und klicken Werbeinhalte ungesehen weg. Um das Inbound-Marketing zu verstehen, sollten wir uns zunächst das traditionelle Outbound-Marketing anschauen. Bereits der Name deutet darauf hin, dass nach außen geworben wird. Beispiele sind etwa Fernsehwerbung, Plakatwerbung, Briefeinwurfsendungen, Printwerbung, Bannerwerbung oder eingekaufte E-Mail-Verteiler.

Im Inbound-Marketing hingegen wird der werbliche Aspekt nach innen gerichtet. Du optimierst den Inhalt deines Feierabend-Startups so sehr, dass du aufgrund der hohen Qualität gefunden wirst.

Ich betrachte diese Form als die Zukunft des Marketings, weil es nicht so viel Streuverlust gibt und deine Inhalte nur denjenigen gezeigt werden, die sich auch dafür interessieren. Konzentriere dich darauf, gut lesbare Texte zu schreiben, die nicht nur leicht verstanden werden, sondern auch informativ und unterhaltsam sind. Gleichzeitig sollte deine Internetseite schlank bleiben, damit die Inhalte schnell geladen werden. Ideal ist, wenn du mittels Gastbeiträgen dafür sorgst, dass dich größere Websites erwähnen und mit einer Verlinkung auf dich zeigen. Wie du das am besten anstellst, erkläre ich dir in den folgenden Kapiteln.

Doch wie genau gelangt der Kunde auf deine Website? Irgendwie müssen die Menschen ja auf dein Produkt oder deine Dienstleistung aufmerksam werden! Gerade wenn du ein Feierabend-Startup gründest, ist die Zeit, die du darin investieren kannst, begrenzt. Dafür ist die Inbound-Marketingmethode besonders geeignet.

Zwar ist auch diese Methode kein Selbstläufer, aber wenn du sie richtig anwendest, kannst du große Effekte erzielen. Im ersten Schritt erstellst du hochwertigen Content, sei es in Form von Blogartikeln, Videos oder Podcasts. Diese stellst du kostenlos zur Verfügung. Am besten ist es, wenn du ein aktuelles Problem löst und so dafür sorgst, dass die Menschen auf deine Homepage aufmerksam werden und nicht umgekehrt. Der größte Vorteil des Inbound-Marketings: Die lästige Kaltakquise entfällt, da die Kunden von selbst zu dir kommen. Auch wenn das in der Theorie einfach klingt, ist es in der Praxis mit viel Arbeit verbunden.

Wie haben sich unser Kaufverhalten und unsere Aufmerksamkeitsspanne durch den digitalen Wandel geändert? Um dir einen besseren Einblick zu verschaffen, wie genau du dein Feierabend-Startup mit Inbound-Marketing platzieren kannst, habe ich folgendes Beispiel für dich: Angenommen, du blätterst in einer Zeitschrift oder schaust fern. Dort wird dir die Werbung von einem Mikrofon angezeigt. Wenn du ohnehin vorhattest, dir ein solches zu kaufen, wirst du dadurch positiv beeinflusst. Sei es, weil du deinen eigenen Podcast startest, Audiodateien aufnehmen, den Sound deiner Videos verbessern oder vielleicht sogar Lieder aufnehmen möchtest.

Der »First Moment of Truth« wurde 2005 von Procter & Gamble konzipiert. Die Firma hat herausgefunden, dass sich ein Kunde, der vor einer Produktauswahl steht, binnen zwei bis sechs Sekunden für eine Kauflösung entscheidet. Dabei ist es bedeutungslos, ob dies online oder offline geschieht.

Das Konzept der »Moments of Truth« wurde jedoch schon 1981 von Jan Carlzon entwickelt. Als CEO einer skandinavischen Airline hat er die Ansichten des Marketings in seinem Unternehmen komplett auf den Kopf gestellt. Er hat sich hauptsächlich darauf konzentriert, die emotionalen Bedürfnisse der Kunden herauszufinden, um darauf aufbauend später mit den Produkten positive Reaktionen hervorzurufen. Kommen wir zurück zum Beispiel. Stell dir vor, du bist mittlerweile auf die Internetseite gegangen und hast dir das Mikrofon bestellt. Der zweite Moment der Wahrheit folgt: Das Mikrofon ist zu Hause eingetroffen. Es sieht genauso aus, wie du es dir vorgestellt hast. Alles ist hochwertig verarbeitet, und der Ton wird exzellent aufgenommen.

Beim »Second Moment of Truth« machst du als Kunde deine persönlichen Erfahrungen mit dem Produkt. Du überzeugst dich selbst, ob die Versprechungen für das Produkt oder die Dienstleistung auch eingehalten wurden. Nur wenn du von deinem Kauf überzeugt bist, wirst du deinen Freunden und Bekannten eine Empfehlung aussprechen. Zuletzt folgt der dritte Moment der Wahrheit. Dieser ist erst erreicht, wenn du als Kunde zum Fan des Unternehmens geworden bist. Natürlich sollte dies auch das Ziel deines Feierabend-Startups sein. Wie kannst du es erreichen? Entweder du schaffst auf deiner Seite echten Mehrwert und bindest dadurch deine Kunden an dich, oder du stellst eine Gruppe bereit, in der sich zufriedene Kunden über dein Produkt austauschen können.

Wie dir vielleicht beim Lesen schon aufgefallen ist, läuft der Prozess der Kaufentscheidung heute nicht mehr ganz so einfach ab. Es ist eher unrealistisch, dass du dich nur aufgrund von Werbung für ein Produkt, in diesem Fall das Mikrofon, entscheidest. Eine Google-Studie hat gezeigt, dass bereits im Jahr 2011 durchschnittlich 10,4 Quellen für eine Kaufentscheidung herangezogen wurden.

Wir definieren in diesen Zeiten vielmehr den nullten Moment der Wahrheit. Vor der tatsächlichen Kaufentscheidung findet zuerst eine ausführliche Webrecherche statt, die auch Blogs, YouTube-Videos und Vergleichsportale beinhaltet. Wurde ein Kunde von einem bestimmten Produkt positiv stimuliert, sucht er nach Alternativlösungen. Das bedeutet, auch unbekannte Firmen profitieren heute, wenn große Unternehmen mit klassischer Outbound-Werbung nach draußen gehen. Oft werden Kunden dadurch auf Unternehmen aufmerksam, die sie vorher gar nicht gekannt haben. Der eigenen Webrecherche sei Dank! Wenn du dich mit hochwertigem Content professionell im Internet präsentierst, stehen die Chancen gut, dass neue Kunden auf dein Feierabend-Startup aufmerksam werden.[*]

Wozu brauche ich Bloggersoftware? Ich will doch gar nicht bloggen!

Genau das habe ich gedacht, als ich in die Selbstständigkeit gestartet bin. Ehrlich gesagt habe ich mir früher kaum Gedanken gemacht, wie ich am effektivsten Kunden gewinnen kann. Die einzigen Methoden, die mir zur Verfügung standen, waren entweder Empfehlungen von Bekannten zu bekommen oder Wurfbriefe in Briefkästen zu stecken. Für mich war das Internet ein Buch mit sieben Siegeln. Schon allein die Vorstellung, einen eigenen Webauftritt zu gestalten, kam mir gar nicht in den Sinn. Stattdessen beauftragten wir jemanden damit.

Meine erste eigene Firmenhomepage war mein erster eigener WordPress-Blog und ein schön gestalteter Onepager. Diese Art von Internetseite hat keine Unterseite. Der gesamte Content wird auf einer nach unten fortlaufenden Seite dargestellt. Damals war das sehr modern. Die Gestaltung hat mehr gekostet als die Programmierung. Meine zweite Internetseite wurde mit Joomla aufgesetzt. Zum Schluss musste ich dann 7.000 Euro für ein Websitedesign auf den Tisch legen, welches ich später wieder gelöscht habe, weil es keinen Mehrwert bot. Es war sozusagen einfach nur ein schönes Bild. Zu den Systemen gibt es unterschiedliche Meinungen.

---

[*] Quellen des Abschnittes: https://www.thinkwithgoogle.com/research-studies/2011-winning-zmot-ebook.html

Wirft man einen Blick auf die Zahlen, wird deutlich, dass WordPress als Content Management System (CMS) wesentlich beliebter ist als Joomla.

In der Anfangszeit des Internets gab es sehr wenige Systeme, die es einem ermöglicht haben, seine Gedanken mit der Welt zu teilen. Eine Bloggersoftware war das Bloggersystem b2, mit der Matthew Mullenweg im Jahr 2002 sein Leben digital dokumentiert hat. Nur fünf Monate nach Start seines Blogs konnte er bereits 20.000 Besucher auf seiner Seite feststellen. Zu damaliger Zeit war das eine ungeheure Zahl! Der Erfolg der Website hat ihn ermutigt weiterzumachen. Als 2003 die Bloggersoftware b2 vor dem Aus stand, war seine Mission klar.

Als damaliger Programmierer war es für ihn keine allzu große Herausforderung, eine eigene Software zu erschaffen. Als er seine Gedanken mit der Community teilte, bekam er sehr viel Zuspruch, mitunter auch von dem Programmierer Mike Little. Dieser führt heute seine eigene Webentwickler-Firma und hat sich erfolgreich auf Dienstleistungen rund um WordPress spezialisiert. WordPress erblickte das Licht der Welt und wurde immer bekannter.

Ungefähr zur gleichen Zeit kamen andere Systeme auf den Markt wie Movable von Brynn Resse, die sich jedoch nicht etablieren konnten. Gründe hierfür könnten das intransparente Lizenzierungswesen sein oder auch die unbeliebtere Programmiersprache Perl. WordPress ist in PHP programmiert, bis heute dem Open-Source-Gedanken verpflichtet und in seinen Grundzügen völlig kostenlos. Matthew Mullenweg hat zur damaligen Zeit des Internetwandels den Zahn der Zeit getroffen und alles richtig gemacht.

2003 hat sich Matthew von seinem Hauptjob verabschiedet und eine Firma namens Automattic gegründet. Sinn dieser Unternehmung war es, ein breites Portfolio rund um WordPress anzubieten. Es wurden die notwendigen Werkzeuge und Dienstleistungen angeboten wie das Hosting, individuelle Programmierarbeiten oder auch verschiedene Plug-ins. Das erste Plug-in hieß Akismet und hatte die Aufgabe, den Kommentarbereich vor Spam zu schützen. Die Grundversion von WordPress ist kostenlos. Nur wenn du weitere Funktionen haben möchtest, wird ein kleiner Betrag fällig, was auch als Freemium-Modell bekannt ist.

Der Erfolg der Firma Automattic war durch das kostenlose System WordPress und die täglich steigenden Nutzerzahlen vorprogrammiert. Allein 2012 erzielte das Unternehmen knapp 50 Millionen Dollar Umsatz. Auch die Zahl der aktiven Installationen des CMS war grandios. Damals liefen beeindruckende 15 Prozent der 10 Millionen relevantesten Websites der Welt mit WordPress. Heute wird das Unternehmen auf einen Marktwert von 1 Milliarde Dollar geschätzt und knapp 30 Prozent der 10 Millionen relevantesten Websites im Netz werden mit WordPress betrieben.

Große Firmen wie Zalando, H&M oder Sony Music betreiben ihre Blogs mit WordPress, aber auch viele bekannte Künstler nutzen das CMS, beispielsweise Justin Bieber oder Nicki Minaj. Der enorme Erfolg von WordPress kommt auch dir zugute. Das System ist erprobt und ausgereift. Die Fehlerquote ist gering, und du kannst aus einer riesigen Anzahl an Plug-ins und Designvorlagen auswählen. Auf einfache und bezahlbare Art und Weise kannst du jede denkbare Funktionalität und Gestaltung auf deiner Website integrieren.

Später erkläre ich dir, wie du die Bloggersoftware WordPress für dich nutzen kannst, um ganz einfach eine professionelle Internetseite zu erstellen.

Warum Keywords nützlich für dich sind

Es ist die eine Sache, sehr gute und nützliche Produkte zu entwickeln. Wenn die Menschen jedoch darauf nicht aufmerksam werden, nützen dir diese herzlich wenig. Doch was kannst du tun, wenn dir das Geld für teure Werbekampagnen fehlt? Du musst mit einer anderen Währung bezahlen: der Zeit. Viele Ratgeber hören an diesem Punkt auf, in die Tiefe zu gehen. Wie gelingt es dir, über einen langen Zeitraum geduldig zu bleiben, obwohl nichts passiert? Höre nicht auf, deine Idee zu visualisieren.

Über Monate hinweg wirst du sehr viel Content erstellen und immer wieder Output geben, ohne dass du große Veränderungen feststellen wirst oder gar etwas zurückbekommst. Damit diese schwierige Zeit leichter für dich wird, gebe ich dir klare Anweisungen, wie du deine Website und dein Dienstleistungsangebot aufbauen solltest, damit du deinen Bekanntheitsgrad steigerst und immer mehr Kunden erreichst.

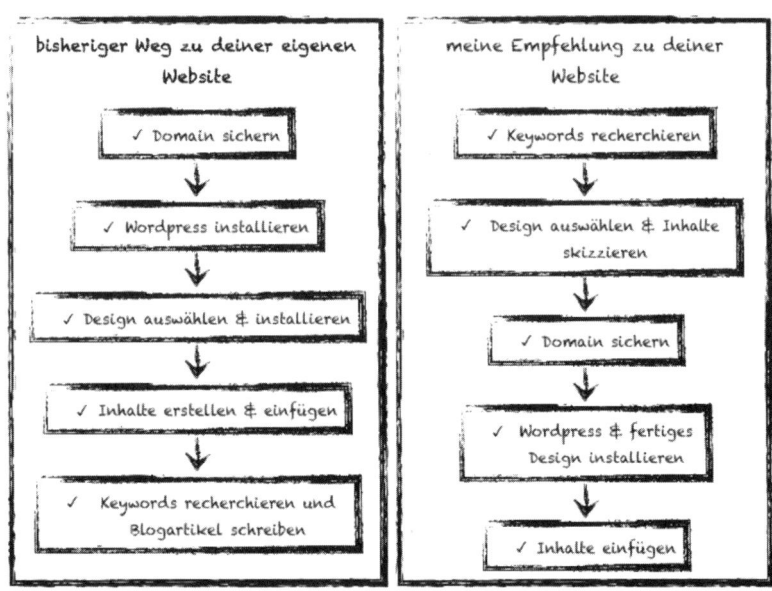

Du gründest dein Feierabend-Startup, weil du entweder ein bestehendes Problem lösen oder einen Bedarf decken möchtest. Dennoch musst du herausfinden, wie und wo nach der Problemlösung gesucht wird. Nehmen wir an, du bist Klempner, und eine Person hat ein kaputtes Wasserrohr. Höchstwahrscheinlich geht der Kunde ins Internet und tippt bei Google »kaputtes Wasserrohr reparieren« ein. Genau diese drei Wörter sind ein sogenanntes Keyword. Baust du nun dieses Keyword auf deiner Website ein, erkennt Google, dass du möglicherweise das Problem der Person lösen kannst.

Leider ist dies nicht der einzige Faktor, mit dem du es schaffst, dich mit deinem Dienstleistungsangebot auf Platz eins bei Google zu positionieren. Der Algorithmus von Google hat mittlerweile mehr als 400 Faktoren, die sich unterschiedlich auf dein Ranking auswirken. Der Suchmaschine ist wichtig, dass du deine Inhalte für die User gestaltest und eine bessere Auffindbarkeit nicht zulasten leserlicher Texte geht. Wenn du wertvolle, keywordbasierte Inhalte generierst, wird es dir gelingen, immer höher zu ranken und vermehrt potenzielle Kunden auf deiner Seite zu begrüßen.

Die Keywords können auch als Marktanalyseinstrument fungieren. So kannst du vorab schon rausfinden, ob es sich überhaupt lohnt, in eine gewisse Nische vorzudringen.

Es gibt unterschiedliche Möglichkeiten, wie du herausfinden kannst, welche Bedürfnisse die Menschen haben.

Der Google Keyword Planer

Warum nicht das kostenlose Tool von Google selbst nutzen? Wenn du dich beim Keyword Planer anmeldest, musst du zwar deine Bezahldaten eingeben, die Funktion der Keywordsuche bleibt aber kostenlos. Was hat Google davon? Die Suchmaschine verdient Milliarden mit der Bereitstellung von Anzeigenflächen über den organischen Suchergebnissen.

Über den Keyword Planer kannst du nicht nur herausfinden, welche Begriffe am besten zu deiner Dienstleistung passen, sondern auch, wie viel ein Klick auf eine potenzielle Anzeige für dieses Keyword kosten würde. Außerdem kannst du sehen, wie viel Konkurrenz bereits zu diesem Keyword existiert.

Genau hier liegt der gravierende Unterschied zwischen dem kostenlosen Tool von Google und den kostenpflichtigen Angeboten anderer Dienstleister. Die Konkurrenz bezieht sich im Fall von Google auf die anderen Anzeigenkunden. Schalten bereits viele Unternehmen bezahlte Anzeigen zu einem Keyword, ist die Konkurrenz groß. Dadurch erhöhen sich die Klickpreise, die zwischen wenigen Cent und hohen zweistelligen Eurobeträgen variieren. Auch die Branche ist entscheidend. Die höchsten Klickpreise sind in der Wirtschaft und im Bereich Finanzen zu finden.

Dein Ziel ist jedoch, mit deinem Feierabend-Startup in der Liste der organischen, unbezahlten Suchergebnisse ganz oben zu erscheinen. Denn es ist besser, mit einem Keyword, das beispielsweise nur 200-mal im Monat gesucht wir, auf Platz eins zu erscheinen, als mit einem hohen Volumen von 10.000 Suchen pro Monat auf Seite 3,4 oder 5 zu landen.

SECockpit SwissMadeMarketing

Mit dem kostenpflichtigen Tool SECockpit der Firma SwissMadeMarketing findest du Suchbegriffe genauso einfach wie beim Keyword Planer von Google. Gibst du zum Beispiel den Suchbegriff »T-Shirt gestalten« ein, bekommst du eine riesige Liste an verschiedenen Wortkombinationen wie »T-Shirt designen« oder »Pullover selber machen«. Alles Begriffe, die mit deinem Ursprungsbegriff zusammenhängen und die gleiche Thematik beinhalten, in diesem Fall Kleidung.

Exkurs: Keywords vs. Longtail Keywords

Longtail Keywords sind Begriffskombinationen, die aus mehreren Keywords zusammengesetzt sind.

Nehmen wir an, das Keyword lautet »Schuhe«. Eine mögliche Longtail-Keyword-Kombination wäre »Schuhe günstig kaufen«. Das Suchvolumen sinkt drastisch nach unten, je mehr Wortkombinationen du eingibst. Gleichzeitig erhöhst du deine Chancen, dass der Suchende bei genau diesem Suchbegriff auf deiner Seite landet. Würdest du das Thema Schuhe noch weiter eingrenzen, beispielsweise »Herren Sportschuhe günstig kaufen«, und du hast genau den passenden Artikel in deinem Sortiment, ist die Wahrscheinlichkeit groß, dass der Google-Suchende dein zahlender Kunde wird.

Gibst du das Longtail Keyword »Pullover Design« beim SECockpit ein, siehst du sofort, dass dieser Suchbegriff 1000-mal pro Monat bei Google eingegeben wird. Außerdem kannst du erkennen, dass die

Konkurrenz bei lediglich 30 Prozent liegt. Wie genau setzt sich dieser Prozentsatz zusammen? Anders als der Keyword Planer errechnet das SECockpit aus vielen verschiedenen Daten einen Wert. Dazu zählen beispielsweise die Bekanntheit der Konkurrenz-Website und das Alter der Domain. Ein einfaches Ampelsystem visualisiert dir, ob du mit der jungen Seite deines Feierabend-Startups überhaupt eine Chance hast, dich vor deinen Mitbewerbern bei Google zu positionieren.

Das Ziel der Software ist, dir genau die Wortkombinationen aufzuzeigen, mit der du eine reelle Chance hast, bei Google in den höheren Rängen zu stehen. Diese Keywords baust du dann in deine Blogartikel ein.

SISTRIX– Der Marktführer

Wenn es noch professioneller sein soll, kannst du dich für den Marktführer entscheiden. Sistrix bietet dir nicht nur die Keyword-Recherche an, sondern viele andere Module, die du dazubuchen kannst. So kannst du beispielsweise deine eigenen Blogartikel überwachen lassen. In einer Übersicht kannst du verfolgen, auf welchem Platz das benutzte Keyword momentan steht. Außerdem kannst du mittels einer Grafik sehen, welche Auswirkungen es auf Google und das Ranking hat, wenn du an deiner Seite technische Änderungen vornimmst.

KWFinder

Auch mit dem KWFinder kannst du dir begehrte Keywords herausfiltern. Der Anbieter hat sich auf mehrere SEO Tools spezialisiert und legt besonderen Fokus auf das Identifizieren von Links zu deiner Website. Des Weiteren kannst du auch hier deine benutzten Keywords tracken, die sich in deinen Dienstleistungsbeschreibungen und Blogartikeln verstecken. Somit weißt du immer, auf welcher Position du bei Google stehst.

Ryte

Der Service von Ryte hat es sich zur Aufgabe gemacht, dir zu zeigen, wie du deine Website verbessern kannst, um so langfristig erfolgreicher zu sind. Dies schafft der Dienst mit einer übersichtlichen, webbasierten Oberfläche, die dir nach dem Verbinden mit deiner Website zeigt, an welchen Stellschrauben du noch drehen kannst und wie du das am besten anstellen kannst. Du kannst den Service gratis für einige Tage testen und so wichtige Keywords für deine Nische herausfinden und die Postionen überprüfen.

Die Position deiner Keywords kannst du auch kostenlos mit der Google Search Console überwachen. Dort beißt sich aber wieder die Katze in den Schwanz, weil du die Statistiken und Positionen deiner Keywords erst später sehen kannst, wenn du genügend Besucher auf deiner Seite hast.

Für den Start empfehle ich dir, dich nicht sofort für die teuerste Lösung zu entscheiden. Am Anfang ist es eher unwichtig, deine fertigen Blogartikel und deren Ranking zu beobachten, da es einige Zeit braucht, bis die Artikel überhaupt von Google in die Suchergebnisse aufgenommen werden. Noch mehr Geduld musst du aufbringen, bis sie auf der ersten Seite zu finden sind.

Außerdem musst du noch wissen, dass nur etwa 30 Prozent der Besucher, die ein Keyword bei Google eingeben, auf die erste Position klicken. Der zweite Platz bekommt dann durchschnittlich nur noch 14 Prozent und der dritte Platz nur noch 10 Prozent. Bist du also mit einem Keyword von 1.000 Suchanfragen pro Monat auf Platz eins bei Google, landen davon 300 einzelne Nutzer auf deiner Website. Dies hat eine Softwarefirma namens Caphyon im Juli 2014 ausgewertet, indem sie 470.000 Keywords auf über 5.000 verschiedenen Websites miteinander verglichen hat. 71 Prozent der Besucher blieben jedoch immer auf der ersten Seite der ersten zehn Suchergebnisse, auch genannt SERPS (Search Engine Result Pages).

Es hat sechs Monate gedauert, bis wir bei feierabendstartup.de mit dem Keyword »Geschäftsideen ohne Eigenkapital« auf Position eins bei Google waren. Das Suchvolumen beträgt ungefähr 600 einzelne Suchanfragen pro Monat. Investiere so viel Zeit wie möglich in die Optimierung deines Internetauftritts und in die Erstellung von hochwertigem, keywordoptimiertem Content. Je mehr du davon hast, desto besser.

Auch bei YouTube und Amazon spielen Keywords eine entscheidende Rolle, da du in der Suchleiste eine textbasierte Suche eingeben musst. Bei Youtube hast du zu einigen Keywords sogar noch bessere Chancen, oben angezeigt zu werden. Die Keywords baust du am besten in den Titel und in die Beschreibung des Videos ein. Solltest du deine Blogartikel verfilmen oder YouTube-Videos in Blogartikel verwandeln, ist es sehr hilfreich, diese gegenseitig zu verlinken.

Tipp: Die Keyword-Dichte ist gleichermaßen wichtig wie unwichtig. Ich meine damit, dass es früher wichtig war, dass das Keyword exakt so in einem Text gestanden hat, wie es auch gesucht wurde. Dazu kam noch, dass es umso besser für die Platzierung auf Google war, wie oft das Keyword im Text vorkam. Daraus sind etliche Spamartikel entstanden, und Google musste in den ersten Jahre als eine Art Müllabfuhr des Internets fungieren, um irrelevante Themen aus den Suchergebnissen herauszufiltern. Heute gibt es ein Semantik-Update, und die Suchmaschine erkennt, um welches Thema es in deinem Text geht, auch wenn das Keyword nicht exakt so geschrieben wird, wie es dir deine Recherchetools zeigen. Für das gefundene Keyword »Schuhe günstig kaufen« kann auch der Teilsatz »Schuhe kaufen günstig« als Keyword dienen.

Für dich heißt das, nicht zu viele Keywords zu benutzen. Ein bis fünf Prozent im Verhältnis zum gesamten Text, den du geschrieben hast, reichen vollkommen aus. Wenn sich ein Keyword komisch anhört, versuch es nicht »auf Krampf«, in deinen Text einzubauen. Du kannst es auch ruhig etwas abändern. Und zu guter Letzt, versuche das Keyword in deine Überschrift und in den ersten 150 Zeichen deines Textes einzubauen. Aber nur wenn es passt!

Wähle dein Design und erstelle dir ein Skizze deiner zukünftigen Website

Welcher Schritt kommt eigentlich zuerst? Überlegst du dir zuerst den perfekten Namen für deine Domain, oder machst du dir Gedanken, welche Inhalte du auf deine Homepage lädst? Bevor du deine Domain sicherst, solltest du dir im Klaren darüber sein, wie du deine Website überhaupt füllen möchtest. Ich habe es bei mir selbst erlebt: Im Kopf schwirren die tollsten Ideen und Visionen herum, und wenn du dich dann noch von anderen guten Homepages inspirieren lässt, kannst du schnell übermütig werden. Im Nu hast du deine Domain registriert, WordPress installiert und dir ein schickes Design von Themeforest gekauft. Jetzt stehst du allerdings vor der Herausforderung, deine neue Homepage zum Leben zu erwecken. Und dies schaffst du nun mal nur durch hochwertigen Content.

Es lohnt sich, dir vorher die Mühe zu machen, genau zu planen, welche Produkt- und Dienstleistungsbeschreibungen du auf deine Website packen und welche Bilder du verwenden möchtest. Idealerweise hast du auch schon mindestens drei Blogartikel fertig geschrieben – selbstverständlich samt passender Keywords. Erst dann kannst du dich den folgenden Schritten widmen:

1. Wähle ein passendes Design aus

Eine geeignete Plattform, um ein ansprechendes Design für dein Feierabend-Startup zu finden, ist Themeforest. Du kannst aus verschiedenen Kategorien auswählen oder auch speziell nach Themes für deine Branche suchen. Themes sind Designvorlagen für deine WordPress-Website, sie definieren, wie deine Website optisch aussieht. Gib hierzu einfach den englischen Begriff deiner Branche ein. Mit einem Klick kannst du dein Wunsch-Theme für einen Betrag zwischen 40 und 80 Dollar kaufen. Wenn dir das in dem Moment viel vorkommt, dann überlege, wie viel du für einen Webdesigner bezahlen würdest. Es lohnt sich, mit den

Einstellungen »best seller« oder »best rated« zu spielen. Somit bekommst du einen guten Überblick, welche Themes oft verkauft werden und demzufolge gut funktionieren.

Je weniger du dein gewähltes Theme später verändern musst, desto besser. Beachte bei der Auswahl, dass sich der Designer bereits Gedanken gemacht hat, welches Bild, Zitat oder welche Beschreibung an welche Stelle der Website kommen soll. Oft wirkt das Theme gerade dadurch modern und ansprechend. Ich rate dir, dein eigenes Angebot dem Theme anzupassen, damit du das Gesamtbild nicht zerstörst. Vorteilhaft ist es, wenn dein Wunsch-Theme einen »one click demo installer« anbietet. Hier kannst du das Design, das du bei Themeforest gekauft hast, mittels deiner WordPress-Installation hochladen.

Schau dich schon mal um, welches Theme zu deiner Dienstleistung passt. Via Live-Demo kannst du dir vorstellen, wie das Design tatsächlich wirkt. Oft kannst du Kategorien auswählen, in denen du speziell auf dein Business ausgerichtete Gestaltungsvorlagen findest. Dazu zählen zum Beispiel Yoga, Restaurants, Fitness, Wellness, Einzelunternehmer, Fotografen, Logistik und viele mehr. Beim Anbieter muffingroup gibt es ein Theme mit dem Namen betheme. Hier kannst du aus über 230 unterschiedlich gestalteten Themes zu unterschiedlichsten Kategorien eine Auswahl treffen.

Eine große Auswahl an Demo-Designs, die du später exakt so installieren kannst, findest du auf Themeforest unter Avada, Betheme und Impreza. Bist du ein Freund von schlichten Designs, lohnt sich auch ein Blick auf Studiopress oder Elmastudios. Nun baust du dein Wunsch-Theme Schritt für Schritt nach und wählst geeignete Bilder aus. Ersetze die englischen Beschreibungen der Demo gegen deine eigenen. So fährst du fort, bis du das Theme am Ende in DEIN Theme umgewandelt hast. Erst wenn du diese Rohfassung (wie jetzt im zweiten Schritt erklärt) erstellt hast, kaufst du dir das Theme.

2. Bau die Demo-Seite Stück für Stück nach

Dies kannst du entweder in einem Bildbearbeitungsprogramm tun oder offline via Notizbuch oder Whiteboard. Beginne nun, dein Wunsch-Theme Stück für Stück nachzubauen. Angenommen, du siehst im Titelbild eines Yoga-Themes eine meditierende Frau. Du kannst davon ausgehen, dass du dieses Foto aus lizenzrechtlichen Gründen nicht benutzen darfst. Sobald du den Demo-Content installiert hast, musst du es durch ein eigenes Bild austauschen.

Es ist kein Problem, wenn du kein begnadeter Fotograf bist. Im Internet gibt es Dutzende Plattformen, auf denen Bilder kostenfrei oder gegen eine Gebühr angeboten werden. Ich nutze oft Pixabay. Der große Vorteil dabei ist, dass du die Bilder sowohl privat als auch kommerziell ohne Einschränkung nutzen kannst. Es ist also erlaubt, dass du diese Bilder auf der Homepage deines Feierabend-Startups gewerblich nutzt. Du musst weder Namen noch Autoren nennen. Die Information darüber steht übersichtlich und auf einen Blick erkennbar neben dem Foto. Solltest du einen solchen Hinweis nicht finden, was ab und zu vorkommt, rate ich dir von der gewerblichen Nutzung dieses Bildes ab.

Kostenpflichtige Plattformen sind zum Beispiel Shutterstock oder Fotolia. Hier steigt aufgrund der Verdienstmöglichkeiten die Auswahl der Bildmotive. Aufpassen solltest du trotzdem, wenn du ein Bild von dieser Plattform erwirbst. Sehr oft ist schwer ersichtlich, wie du die gekauften Bilder verwenden darfst und ob diese verändert werden dürfen. Die Lizenzbedingungen sind oftmals kompliziert formuliert. Manchmal hast du ein Bild zwar gekauft, aber darfst es nicht ohne Einschränkungen auf den Social-Media-Kanälen posten. Schreib im Zweifelsfall einfach eine E-Mail oder ruf kurz an und frag gezielt nach.

Problemlos sind Bilder, die du selbst fotografiert hast. Die heutige Technik macht es bedeutend einfacher, ansprechende Fotos zu entwickeln. Eine gute Smartphone-Kamera und eine Bildbearbeitungssoftware können ausreichend sein. Wenn es dir Spaß macht, dann experimentiere einfach ein bisschen mit der Fotografie. Ich empfehle dir, einen einheitlichen Bild-Look zu wählen, um den Wiedererkennungswert deiner Seite zu steigern. Gerade, wenn du einen Blog betreibst, kann die Auswahl passender Bilder viel Zeit in Anspruch nehmen, zumal das Bildmaterial kostenloser Bildportale begrenzt ist. Wenn du bereits vorher eine Bilderserie in einem eigenen Stil produzierst, kannst du zu einem späteren Zeitpunkt einfach darauf zurückgreifen und deine Blogartikel schneller online schalten.

Betreibst du als Feierabend-Startup eine Coaching-Homepage, könntest du deine Freunde bitten, Modell zu stehen und sich beispielsweise zu unterhalten. Auf das Foto könntest du mit dem Bildbearbeitungstool Snapseed von Google einen Filter mit einem dunklen oder farbigen Schleier legen. Platzierst du nun in der Mitte des Fotos mit weißer Schrift das Thema deines Blogartikels, hast du einen schnellen, einfachen Entwurf kreiert. Oftmals ist weniger mehr. Wenn du dich bei der Bildgestaltung im Detail verlierst, kann es passieren, dass deine Bilder überladen wirken.

Überleg dir ein Farbschema von maximal drei Farben, die zueinander passen. Verwendest du nun in deinen Bildern und auf deiner Homepage ausschließlich diese Farben, erhältst du eine klare, einheitliche Linie. Nimm dir das Theme zur Hilfe. Bestimmt hat sich der Designer viele Gedanken gemacht, was am besten zusammenpasst. Alternativ kannst du dir auf der Website https://coolors.co/ ein passendes Farbschema für deine Website generieren.

Wichtig ist, dass du die Homepage deines Feierabend-Startups so schnell wie möglich mit hochwertigem Content füllst – insbesondere mit längeren Texten. Da Google momentan eine rein textbasierte Suchmaschine ist, sind Beschreibungen essenziell. Überwiegen bei deiner Homepage Bilder, Videos und Animationen, die keine vernünftigen Bildtitel haben, kann deine Website nicht ausgelesen werden. Dies hat zur Folge, dass deine Homepage bei der Google-Suche nicht erscheint.

Ran an die Tasten!

Blogbeiträge sind das perfekte Mittel, um dich mit verschiedenen Themen zu befassen und deinen Kunden echten Mehrwert zu liefern. Das Wichtigste ist jedoch, dass du dein Ranking bei Google nur durch längere Texte verbessern kannst. Verwende in deinen Blogartikeln, wie vorhin beschrieben, deine Keywords. Welche Suchbegriffe gibt deine Zielgruppe bei Google ein? Wenn du diese in hochwertige Blogartikel einbaust und idealerweise dabei noch ein Problem löst, wirst du bei Google immer höher rutschen. Ich kann es gar nicht oft genug erwähnen.

Doch was ist, wenn das Schreiben nicht gerade zu den Tätigkeiten gehört, die du liebst oder die dir zumindest leicht von der Hand gehen? Keine Angst! Schreiben ist erlernbar. Nachfolgend gebe ich dir eine Anleitung, die dich motivieren soll, dich an die Tastatur zu begeben und so schnell wie möglich mit dem Erstellen von professionellem Content für dein Feierabend-Startup zu beginnen.

Aller Anfang ist schwer

Wie schaffst du es nun, Texte zu schreiben, die einfach rocken? Das Wichtigste ist, dass du dranbleibst. Setz dir regelmäßige Schreibtermine und behandle diese so ehrfürchtig wie andere wichtige Termine. Auch hier gilt nämlich: Übung macht den Meister. Du kannst das Schreiben mit einer Sportart vergleichen. Wenn du Muskeln aufbauen möchtest, reicht es nicht, wenn du einmal die Woche zum Training gehst. Der Erfolg wird sich auch nicht nach drei Wochen einstellen, sondern nur, wenn du über einen längeren Zeitraum diszipliniert dein Ziel verfolgst. Hilfreich ist es, wenn du dich an bewährte Strukturen hältst. Jeder Blogartikel, den ich heute schreibe, hat mindestens 1.000 Wörter. Google liebt lange Texte! Das heißt aber nicht gleichzeitig, dass du sofort bei Google an oberste Stelle rückst, sobald dein Artikel oder Webseitentext 3.000 Wörter enthält. Achte darauf, dass dein Text gut strukturiert ist und Teilüberschriften enthält. Wenn du aber ein Thema hast, das noch mehr hergibt, nutze es und pack noch ein paar Wörter obendrauf.

Wie du die Aufmerksamkeit deiner Leser weckst

Mit dem Titel fängt alles an. Je mehr er deine Leser anspricht und ins Auge fällt, desto besser. Beobachte eine Zeit lang ganz bewusst, welchen Überschriften du selbst nicht widerstehen kannst, und lass dich davon inspirieren. Der Anfang jeden Artikels ist der Titel. Er soll ansprechen und ins Auge fallen.

4 Arten von Überschriften, die du kennen solltest

Nachfolgend zeige ich dir ein paar Überschriftenmöglichkeiten auf, an denen du dich entlanghangeln kannst. Pass aber auf, dass du nicht in das Clickbaiting abrutscht, das heißt, dass du nicht mit leeren Versprechungen ködern solltest.

Überschriften, die motivieren!

- ❐ Diese Ernährungs-Tipps werden dich umhauen
- ❐ Wie du den Speckröllchen eine Kampfansage machst

Überschriften, die ein wenig Angst einflößen sollen

- ❐ Ist dein Heim vor einem Einbruch sicher?
- ❐ Die schockierende Wahrheit über das Gesundheitsamt

Überschriften, die Listen beschreiben sollen

- ❐ 20 Tools, die den Start in dein Feierabend-Startup leichter machen
- ❐ 10 erstaunliche Alternativen zu tierischem Protein

Überschriften, die Anleitungen beschreiben sollen

- ❐ Wie du in 7 Schritten deine Blogartikel optimierst
- ❐ In 8 Schritten zum nebenberuflichen Entrepreneur

Am besten ist es, wenn du für deine Blogartikel vier bis fünf Überschriften entwickelst und erst kurz vor Veröffentlichung die beste auswählst. Wenn du dir unsicher bist, frag deine Freunde und Bekannten, welche bei ihnen die meiste Neugierde weckt.

Nach dem Titel folgt eine kurze Einleitung. Dafür gibt es verschiedene Möglichkeiten. Du kannst deine Erfahrungen mitteilen oder darüber berichten, wie du auf die Idee gekommen bist, das Problem zu lösen. Motiviere deine Leser oder vermittle ihnen neues Wissen. Wenn dir gar nichts einfällt, kannst du auch eine kurze Erklärung abgeben, warum du diesen Blogartikel schreibst. Eines ist bei der Einleitung wichtig: Der erste Satz muss überzeugen und fesseln. Nur so hast du eine Chance, dass dein potenzieller Kunde seine kostbare Zeit in das Lesen deines Blogartikels investiert.

Der Hauptteil – hier lieferst du Fakten

Der Hauptteil beinhaltet eine klare Lösung, die du deinen Lesern anbietest. Je klarer und strukturierter dein Blogartikel ist, umso lesefreundlicher ist er. Wieder gibt es verschiedene Möglichkeiten, wie du vorgehen kannst:

Schritt-für-Schritt-Anleitung

Du gliederst die einzelnen Schritte auf und gibst für jeden Schritt eine genaue Handlungsaufforderung und Erklärung an.

Erfahrungen und Testberichte

Du kannst die Lesefreundlichkeit steigern, indem du deinen Blogartikel mit verschiedenen Unterüberschriften gliederst. Als Faustregel gilt, etwa alle fünf Zeilen einen Absatz zu machen. Dennoch solltest du darauf achten, dass der Gedanke abgeschlossen ist und du den Text sinnvoll strukturierst. Lange Textwüsten ohne Absätze liest im Internet niemand.

Der Schluss – runde deinen Blogartikel ab

Eine bewährte Methode ist es, deinen Artikel mit einem Fazit zu beenden. Darin fasst du die wichtigsten Elemente des vorangegangen Textes zusammen und teilst dem Leser deine eigene Meinung mit. Unterschätze nicht die Macht deiner Persönlichkeit. Deine Leser interessieren sich dafür, was du zu dem Thema denkst oder auch, wie du selbst das Problem gelöst hast. Wenn du etwas von dir preisgibst, wirst du reich belohnt: Du schaffst eine wesentlich stärkere Identifikation und Bindung zu deiner Zielgruppe.

Von der Theorie in die Praxis – wertvolle Tipps

Das Grundgerüst eines guten Blogartikels kennst du nun. Wie gehst du weiter vor?

Integriere das Schreiben in dein Leben

Du kannst zum Beispiel damit beginnen, Tagebuch zu schreiben. Indem du jeden Tag deine Gedanken auf Papier bringst, übst du nicht nur deine Fähigkeit des Schreibens, sondern es ist auch eine hervorragende Möglichkeit, den Tag Revue passieren zu lassen und dich selbst zu reflektieren. Alternativ kannst du dir, wie vorhin besprochen, feste Termine setzen, an denen du dich ganz der Schreibkunst widmest.

Baue Keywords ein

In den Nutzerbedingungen von Google steht, dass geschriebene Inhalte nicht für die Suchmaschine optimiert sein sollen, sondern für den Leser. Klar, es nützt niemandem, wenn deine Blogartikel zu unverständlichen, aber SEO-technisch perfekten Wortmonstern mutieren. Dennoch darfst du die Macht der Keywords nicht unterschätzen. Dank dieser weißt du, was deine Leser bei Google eingeben und wonach sie suchen. Idealerweise baust du das Keyword bereits im Titel deines Artikels ein. Google weiß dadurch beim Analysieren deiner Seite, dass du über dieses Thema schreibst.

Alle 14 Tage ein Blogartikel

Damit deine Leser und somit potenziellen Kunden auf deine Seite zurückkommen, ist es wichtig, dass du regelmäßig neuen Content lieferst. Gerade am Anfang solltest du dich nicht unter Druck setzen. Lieber alle zwei Wochen einen neuen Blogartikel, der hervorragend geschrieben ist, als jede Woche einen, der dafür aber in Eile erstellt wurde. Am Anfang kannst du dich ruhig an die oben vorgestellte Struktur halten. Was am Ende zählt, ist die Kontinuität. Du kannst letztendlich nur einen Artikel pro Monat veröffentlichen. Wichtig ist nur, dass es dann immer am gleichen Tag im Monat passiert, sodass Google sieht, dass Bewegung auf deiner Seite herrscht. Solltest du die Zeit haben, kannst du auch Artikel vorzuproduzieren. So kommst du nicht in Schwierigkeiten, deine eigenen Deadlines einhalten.

Im ersten Schritt solltest du alles aufschreiben, was dir einfällt. Dabei brauchst du weder auf Absätze, Rechtschreibung, Kommasetzung oder Ausdruck achten, wenn darin nicht deine Stärke liegt. Wichtig ist, dass du Content schaffst. Im zweiten Schritt kannst du die groben Schnitzer korrigieren, und beim dritten Durchlesen nimmst du den essenziellen Feinschliff vor. Am besten lässt du deinen Blogartikel nach dem Schreiben für mindestens einen Tag ruhen. Manchmal fallen dir mit etwas Abstand noch andere wertvolle Themen ein, oder deine Sichtweise verändert sich. Dadurch kannst du Fehler korrigieren, die dir sonst vielleicht nicht aufgefallen wären, weil du zu sehr im Schreibfluss warst.

Nutze das Tool rechtschreibpruefung24.de für die Textanalyse

Insbesondere wenn du im Erstellen von Texten nicht geübt bist, lohnt es sich, das kostenlose Tool rechtschreibpruefung24.de als Textanalyse zur Hilfe zu nehmen. Mit diesem kannst du deinen Text abschließend redaktionell überprüfen lassen.

Füllwörter, Lesbarkeit und Wortdichte werden kontrolliert und gegebenenfalls als Fehlermeldung angezeigt. Nicht immer passt der Änderungsvorschlag des Onlinetools, verlasse dich also nicht gänzlich darauf.

> **Checkliste**
>
> ✓ Stimmt die Rechtschreibung?
> ✓ Ist die Grammatik korrekt?
> ✓ Prüfe deinen Text kostenlos mittels rechtschreibpruefung24.de
> ✓ Gefällt dir dein Text?

Lass dir Texte erstellen

Ich bin davon überzeugt, dass die Kombination aus selbstgeschriebenen, SEO-optimierten Blogartikeln und einem guten WordPress-Webdesign die Grundpfeiler des Erfolgs deines Feierabend-Startups sind. Manchmal hast du vielleicht einfach nicht die Nerven und die Zeit, kontinuierlich neue Blogartikel zu veröffentlichen. Zum Glück gibt es günstige Onlineanbieter wie textbroker.de, die dir diese Arbeit abnehmen können. Dennoch lautet meine klare Empfehlung: Schreib deinen Content so oft wie möglich selbst. Nur du selbst hast die Begeisterung und das Know-how, dein Wissen auf deine persönliche Art und Weise an andere zu vermitteln. Dennoch kannst du sämtliche Texte bei Bedarf professionell ordern – egal ob du ganze Artikel schreiben lassen möchtest, Unterstützung bei den Beschreibungen brauchst, ob du Texte für Facebook-Kampagnen benötigst oder deine »Über-mich«-Seite zum Leben erwecken möchtest.

Hinter textbroker.de stecken freie Autoren, die sich bei der Plattform angemeldet haben. Bei der Bewerbung muss der Autor seine zwei besten Arbeiten sowie einen Lebenslauf einreichen. Textbroker bewertet diese im Anschluss mit einem Sterne-System. Autoren mit der höchsten Bewertung bekommen zu Beginn vier Sterne. Fünf Sterne werden nur vergeben, wenn der Autor einige Zeit für textbroker.de gearbeitet habt. Um dir ein Gefühl für die Preise zu geben: Momentan kostet ein Blogartikel mit 1.500 Wörtern eines Fünf-Sterne-Autors 100 Euro. Der gleiche Artikel kostet bei einem Vier-Sterne-Autor nur noch 35 Euro. 35 Prozent des Geldes behält Textbroker, den Rest bekommt der Autor.

Mittels einer Direct Order kannst du dir einen speziellen Autor aussuchen, was mit etwas höheren Kosten verbunden ist. Nutzt du die Open Order, wird dein Auftrag zur freien Verfügung gestellt. Der Autor, der deinen Auftrag zuerst annimmt, bekommt den Job. Manchmal kann es vorkommen, dass dein Auftrag nicht angenommen wird. In diesem Fall kannst du versuchen, die Kategorie zu ändern, beispielsweise Gesundheit statt Beauty. Lösche alle Felder, die du nicht ausfüllst, aus der Auftragsliste, damit deine Order kürzer wird. Dies steigert die Chancen, dass sie angenommen wird.

Baue mit Videos deinen Expertenstatus auf

Der bekannte Marketingexperte aus Amerika Gary Vaynerchuk hat einmal gesagt, wenn man das Talent hat, vor der Kamera zu stehen, sollte man sich hauptsächlich darauf konzentrieren, Videos zu produzieren. Er hat damit recht. Videos zählen zu den beliebtesten Medien. Ein Video kann in vielen Fällen die Botschaft viel besser transportieren als ein geschriebener Artikel. Es gibt unterschiedliche Formate, in die du deinen Inhalt einpacken kannst.

Um dir einen gedanklichen Anstoß zu geben: Bei dem ganzen »Content-produzieren-Thema« im Internet geht es darum, dir einen Expertenstatus aufzubauen. Egal mit welchem Thema sich dein Business beschäftigt und welche Nische du besetzt: Du musst der Experte dafür sein.

Wenn du zum Beispiel Spielzeug für Kinder verkaufen willst, das du selbst produzierst, denk nicht nur daran, wie du dein Produkt am besten verkaufen kannst und wie du es optimal in einem Video präsentieren kannst. Du musst um die Ecke denken: Produziere Videos, in denen du erklärst, wie man sich zum Beispiel ganz einfach selbst für seine Kinder Spielzeug bauen kann. Verstehst du, auf was ich hinauswill? Du bist der Experte, wenn es um das Thema Kinderspielzeug geht.

Es hat mir geholfen, meinen eigenen Stil zu finden, indem ich mir andere YouTube-Videos angeschaut und mich von ihnen inspirieren ließ. Angefangen habe ich mit Videos, in denen ich in einer Präsentation (oft erstellt mit Prezi) erkläre, wie man sich nebenberuflich selbstständig macht. Das Ganze habe ich dann, weil ich Mac-Nutzer bin, mit dem Programm Screenflow direkt von meinem Bildschirm aufgenommen und einfach auf YouTube hochgeladen. Oft habe ich dann auch die Webcam mitlaufen lassen, damit man mich unten rechts im Bildschirm auch sieht und ein Gesicht zu der Stimme hat.

Überlege auf jeden Fall genau, welches Format du für dich zum Anfang wählst, bevor du in teures Kamera-Equipment investierst.

Jetzt wird es ernst. Melde deine Internetseite an

Lass dich nicht verunsichern oder entmutigen, wenn das Erstellen der Homepage deines Feierabend-Startups momentan noch ein Rätsel für dich ist. Auch ich habe früher nicht einen einzigen Gedanken darauf verwendet, zu verstehen, wie solche Websites funktionieren. Leider waren in meinem Startup-Team weder Programmierer noch Designer. Damals dachten wir, uns bleibt nichts anderes übrig, als diese Dienstleistungen in Auftrag zu geben. Wir haben nicht nur unheimlich viel Geld verbrannt, gleichzeitig ließ auch das Ergebnis zu wünschen übrig. Mittlerweile haben wir uns selbst in die Materie eingearbeitet. Du musst weder studiert haben noch technisch begabt sein, um eine eigene Homepage zu erstellen. Selbst das Design und die Funktionen der Homepage kannst du nach kurzer Einarbeitungszeit gestalten. Der Schlüssel zu deinem Glück beziehungsweise zu deiner Website ist das Content-Management-System WordPress. Es ermöglicht dir, mit deinem Produkt oder deiner Dienstleistung von Menschen gefunden zu werden.

Wie du eine WordPress-Seite erstellst

Das Tolle an WordPress: Du kannst aus einer Vielzahl verschiedener Designs und Plug-ins deine Homepage entsprechend deinen individuellen Bedürfnissen und Wünschen gestalten. Und das ganz ohne komplizierte Programmierkenntnisse! Zwar ermöglichen es dir auch andere Systeme, auf einfache Weise einen Webauftritt zu gestalten, beispielsweise Jimdo oder Wix. WordPress hat jedoch in Sachen Content Management die Nase vorn: Es ist das größte System der Welt und wird demzufolge von unzähligen Menschen weiterentwickelt. Und wie du schon weißt, ist die Erstellung von Content die geeignete Strategie, um auf dein Feierabend-Startup aufmerksam zu machen. Nachfolgend erfährst du Schritt für Schritt, wie du deine eigene WordPress-Seite erstellst.

1. Schritt: Wähle einen Namen für deine Internetseite

Es ist gar nicht mehr so einfach, einen guten Namen für deine Homepage zu finden, der auch noch verfügbar ist. Viele Domains existieren bereits oder wurden in der Hoffnung aufgekauft, dass mit dem Verkauf irgendwann viel Geld verdient werden kann. Ich empfehle dir in diesem Fall Brainstorming. Schnapp dir Freunde und Bekannte und werft alles in den Raum, was euch einfällt. Alles ist erlaubt, und es gibt keinen Namen, der zu außergewöhnlich ist. Sammle all diese Begriffe und schaue dann bei einem Hosting-Anbieter deiner Wahl, ob die Domain noch verfügbar ist. Idealerweise findest du einen Namen, bei dem sowohl die Länderkennung .de als auch .com frei ist. Mittlerweile kannst du auch Endungen wie .hamburg oder .design auswählen. Bisher gehören aber nur die .de, .com und .net zu den Toplevel-Domains, und deswegen rate ich dir von einer anderen Domainendung ab. Dies kann sich aber in den nächsten Jahren ändern, behalte diese Option also im Hinterkopf.

In dem Abschnitt »Logo, Name und Co.« werde ich noch tiefer auf das Thema Namensfindung eingehen.

Wie kommst du nun von der kreativen Phase des Findens deiner Domain hin zur fertig gestalteten Homepage? Zunächst wählst du den richtigen Domainnamen aus. Es ist mittlerweile veraltet, dass du bei Google ein besseres Ranking erzielen kannst, wenn du die Domain nach dem Keyword benennst, zu dem du dich optimal platzieren möchtest.

Fokussiere dich bei der Wahl deines Domainnamens besser darauf, dass deine spätere URL einfach und verständlich bleibt. Als Domain-Hosting-Anbieter empfehle ich dir all-incl.com. Dort kannst du für 5 Euro bis zu drei verschiedene Domainendungen registrieren (deine-url.de, deine-url.com, deine-url.net). Die ersten drei Monate sind kostenlos, und es gibt keine Mindestvertragslaufzeit. Nachdem du deine Domain bestellt hast, kannst du sie via One Click WordPress installieren.

Exkurs: Den Unterschied zwischen der Domain und dem Hosting kann ich dir gut in einem Beispiel verdeutlichen: Nehmen wir an, deine Domain ist ein Buchtitel. Ein Buchtitel allein macht aber noch kein fertiges Buch aus. Es fehlen der Umschlag, die Seiten und der Inhalt. Genau diese fehlenden Dinge bietet dir das Hosting. Dort wird dir ein Server und Speicherplatz geboten, in dem du deine Inhalte speichern und veröffentlichen kannst.

Tipp für Fortgeschrittene
Du kannst die Domainregistrierung und das Hosting dieser Domain voneinander trennen. Der Vorteil dabei ist, dass du das Hosting an einen Dienstleister abgeben kannst, der sich darauf spezialisiert hat. Das macht deine Seite schneller, und du kannst sie einfacher und besser verwalten. Wir haben mit RAIDBOXES aus Deutschland sehr gute Erfahrungen gemacht. Du kannst beispielsweise bei United Domains.de eine Domain für 9 Euro im ersten Jahr kaufen, die nächsten Jahre erhöht sich der Preis auf 19 Euro. Eine .com-Domain kostest 19 Euro. Die Anmeldung ist bei beiden Dienstleistern sehr einfach. Bei United Domains wählst du deine Domain aus und bestellst sie über ein paar einfache Mausklicks. Die Bestellbestätigung bekommst du per Mail. Genauso einfach läuft es bei Raidboxes ab. Du meldest dich kurz an, erstellst deine Box und fertig ist deine WordPress Installation. Nun musst du beide Dienste miteinander verbinden. Dabei hilft dir das kompetente Team von Raidboxes, und die Sache ist in weniger als zwei Minuten erledigt. Buchst du bei Raidboxes das Hosting dazu, fängt die völlig ausreichende Starter-Version bei 9 Euro im Monat an. Zusammengerechnet ist dies allerdings teuer, als wenn du dich zum Beispiel für ALL-INKL.COM entscheidest, der ein Domain- und Hosting-Anbieter zugleich ist.

2. Schritt: WordPress installieren

Nach einiger Wartezeit kannst du in deinem Accountbereich WordPress installieren. Es kann jedoch bis zu 24 Stunden dauern, bis du auf deine Website Zugriff hast, da zuerst die Domain registriert werden muss. Ob bei all-inkl.com oder Raidboxes: Der Support der jeweiligen Dienstleister bietet dir schnelle Hilfe, wenn du Unterstützung bei der WordPress Installation benötigst.

3. Schritt: Beim WordPress Back-End anmelden

Im Back-End kannst du deine Homepage gestalten, verändern und nach deinen Wünschen individualisieren. Um zum Anmeldebereich deiner Website zu kommen, musst du hinter der URL deiner Homepage »/wp-admin« eingeben. Ein Beispiel: http://www.deinedomain.de/wp-admin

4. Schritt: Homepage gestalten

Endlich ist der Moment gekommen: Du hast dein zuvor ausgesuchtes Design in die Realität umgesetzt und live auf deiner Website installiert. Klicke unter dem Reiter »Design/Theme« auf »Installieren«. Anschließend gehst du oben auf »Theme hochladen« und wählst die .zip-Datei vom Theme aus. Bei feierabendstartup.de haben wir uns damals für das Theme Genesis vom Anbieter Studiopress entschieden. Achte darauf, dass du für deine WordPress-Installation ein Child-Theme hochlädst. Du kannst dir dieses Child-Theme wie eine Schablone vorstellen, die du auf deine Website legst. Diese bewirkt, dass spätere Änderungen im Aussehen deiner Website nicht durch ein Update überschrieben und zurückgesetzt werden. Das Child-Theme wird meistens mitgesendet und hochgeladen und aktiviert, nachdem du dein Haupt-Theme installiert hast.

5. Schritt: Der Seitenaufbau

Unter dem Menüpunkt »Seiten« kannst du in deinem WordPress-Back-End neue Seiten für deine Homepage erstellen und diese mit Leben füllen. »Über mich« und »Neu hier« sind auf Internetseiten die meistbesuchten Kategorien. Seiten wie »Produkte«, »Dienstleistungen« und ein »Blog« machen deine Seite nicht nur für deine Besucher, sondern auch für Google attraktiv. Diese Kategorien solltest du mit spannenden und einzigartigen Inhalten füllen.

Weitere wichtige Seiten für die Website deines Feierabend-Startups sind das Impressum und der Datenschutz. Darauf werden wir später im Abschnitt »Wie kannst du Abmahnungen vermeiden?« eingehen. Falls du deine Produkte oder Dienstleistungen via Onlineshop anbieten möchtest, brauchst du zusätzlich Allgemeine Geschäftsbedingungen und die Widerrufsbestimmungen. Auf eRecht24 gibt es einen sehr guten Generator, der dir diese wichtigen Dokumente kostenfrei erstellt. Dennoch solltest du auf Nummer sicher gehen und einen Anwalt einschalten, der sich auf E-Recht spezialisiert hat. Damit kannst du potenziellen Abmahnungen entgegenwirken.

6. Schritt: Erwecke deine Homepage mit Content zum Leben

Google ist eine rein textorientierte Suchmaschine. Blogartikel, die von 1.000 bis unendlich viele Wörter haben und ein spezielles Problem des Nutzers lösen, sind für die größte Suchmaschine der Welt ein wahrer Goldschatz. Doppelte Inhalte, die zum Beispiel von anderen Internetseiten kopiert wurden, bestraft Google hingegen mit niedrigen Platzierungen. Es kann sogar sein, dass deine Website deswegen ganz von Google verbannt wird.

In deinem WordPress-Back-End kannst du unter »Beiträge« und »Neuen Beitrag verfassen« deine Blogartikel erstellen und veröffentlichen. So bekommst du noch mehr Traffic auf deine Seite. Die relevantesten Keywords sollten sowohl im Titel als auch in den ersten 150 Wörtern deines Artikels enthalten sein. Frage dich, nach was deine Leser suchen und biete ihnen gezielte Problemlösungen an.

Gehen wir tiefer in die Materie. So richtest du deine Seite ein

Das Thema Homepage gestalten gehört zu den Basics. Selbst wenn du dich später nicht mehr um dieses Thema kümmern willst, solltest du aus meiner Sicht wenigstens die im Hintergrund ablaufenden Prozesse verstehen. Natürlich benötigst du Zeit und Geduld, bis die Homepage deines Feierabend-Startups erfolgreich im Netz zu finden ist. Meine Erfahrung hat gezeigt, dass auch bei Schritt-für-Schritt-Anleitungen einige Hürden zu meistern sind. Jedes Projekt ist anders. Aus diesem Grund werden immer wieder Probleme auftauchen, die manchmal frustrieren können. Du solltest ein klares Ziel vor Augen haben und nicht gleich beim ersten Hindernis aufgeben.

Deine Website ist für dein Feierabend-Startup essenziell. Um potenzielle Abmahnungen zu verhindern, solltest du unbedingt ein Impressum generieren. Erst danach macht es Sinn, dich dem Design und Seitenaufbau deiner neuen Homepage zu widmen. Der Aufbau von WordPress ist relativ einfach und in folgende Bereiche gegliedert:

- ❒ Themes (das Design oder auch gestalterisches Thema deiner Website)
- ❒ Seiten
- ❒ Beiträge
- ❒ Anpassen
- ❒ Menü
- ❒ Widget (Platzhalter in Form eines Kastens, die du oft rechts in deiner Seitenleiste oder im Fußnotenbereich – Footer – deiner Website findest)
- ❒ Plug-ins (Anwendungen und Funktionserweiterung für deine Website)

Es ist wichtig, dass du diese Bereiche beherrschst, da du damit ungefähr 80 Prozent deiner Website gestaltest. Immer dann, wenn du die Struktur deiner Website ändern möchtest oder Lösungen für mögliche Probleme suchst, wirst du mit einem dieser Bereiche konfrontiert werden. Nachfolgend erkläre ich dir die einzelnen Menüpunkte ausführlich.

Themes – das individuelle Design deiner Homepage

Unter dem Menüpunkt »Design« findest du die Themes. Dort hast du die Möglichkeit, dir entweder ein individuelles Design für deine Website hochzuladen, oder aber auf einem Marktplatz direkt nach fertigen Themes Ausschau zu halten. Ich rate dir von dieser Funktion ab, weil die Suchfunktion zu eingeschränkt ist, um dir einen Überblick über den gesamten Markt verschaffen zu können. Wenn du kostenlose Themes nutzt, kann es sein, dass du nicht das volle Potenzial der Vorlagen ausnutzen kannst. Es werden auch Light-Versionen angeboten. Sobald du alle Bereiche nutzen willst, musst du bezahlen.

Seiten – das Grundgerüst deiner Website

Seiten liefern die statische Grundstruktur der Website deines Feierabend-Startups. Empfehlenswert ist es, zwischen fünf und zehn solcher Seiten zu erstellen. Überlege dir, welche Seiten für dein Nebengewerbe Sinn machen. Eine »Über mich«-Seite lohnt sich auf jeden Fall, da die meisten Menschen sehr interessiert daran sind, welcher Mensch hinter dem Produkt oder der Dienstleistung steckt. Die Demo-Installation liefert die Demo-Seiten mit. Treffe in Ruhe eine Auswahl, übersetze die Demo-Seiten und lösche alle, für die du keine Verwendung hast. Seiten können zu einem späteren Zeitpunkt auch Punkte in deiner Menüleiste werden.

Beiträge – das Tor zu Besuchern auf deiner Seite

Hier kannst du, wie vorhin beschrieben, deine erstellten Blogartikel hochladen. An dieser Stelle nochmal ein kleiner Appell an dich: Gewöhne dir an, regelmäßig hochwertigen Content für deine Homepage zu erstellen. Je mehr echten Mehrwert du für deine Besucher schaffst, desto stärker wird sich dein Ranking verbessern.

Anpassen – auf in den Live-Modus

Diesen Menüpunkt findest du unter »Design«. Du kannst dort in den Live-Modus deiner Homepage wechseln. Also bitte nicht erschrecken, wenn plötzlich das Dashboard verschwindet und du deine Website mit auswählbaren Menüpunkten an der Seite wiederfindest. Unter »Anpassen« kannst du insbesondere dein Logo, die Seitenbeschreibung und Farbanpassungen bewerkstelligen. Die Funktionen variieren jedoch je nach Anbieter. Am besten klickst du dich durch, da die Ansicht relativ selbsterklärend ist.

Menü

Wo findest du das Hauptmenü? Sowohl unter »Menü« als auch unter »Design«. Hier kannst du neue Menüs erstellen oder diese mit erstellten Seiten oder Kategorien, die Blogartikel zusammenfassen, verknüpfen. Außerdem kannst du dir hier aussuchen, an welcher Position dieses Menü stehen soll. Infrage kommen der primäre Bereich oder auch der Footer-Bereich. Willst du ein Drop-down-Menü erstellen, kannst du in der Ansicht das Rechteck weiter nach rechts ziehen, und schon ist es ein Untermenüpunkt vom darüberstehenden Menüpunkt.

Widget – einfaches Erstellen von Sidebars und Footern

Auch Widgets findest du unter dem Menüpunkt »Design«. Dieser Bereich bietet dir die Möglichkeit, eine individuelle Sidebar und einen Footer zu erstellen. Per Drag and Drop kannst du Verschiedenes erstellen: beispielsweise einen E-Mail-Opt-in-Bereich (ein Bereich, in dem du z.B. deinen Namen und deine E-Mail-Adresse eintragen kannst. Oft genutzt, um Newsletter zu abonnieren oder E-Books gratis herunterzuladen), einfache Bilder, die auf andere Seiten verlinken, oder auch Social Share Buttons. Die Auswahl dazu findest du übersichtlich auf der linken Seite. Du kannst sie rechts ganz einfach in den Bereich deiner Wahl ziehen.

Plug-ins – mach deine Homepage noch interessanter

Diese findest du unter einem eigenen Menüpunkt. Du kannst hier die speziellen Features einbauen, die deine Website erst so richtig interessant machen. Von einem kompletten Onlineshop bis hin zu einem eigenen Mitgliederbereich sind hier deiner Fantasie keine Grenzen gesetzt. Die Vielzahl und die hohe Qualität vieler Plug-ins sind ein großes Plus für WordPress. Kennst du bereits den Namen des Plug-ins, das du nutzen willst, so kannst du den Marktplatz auf WordPress nutzen. Alternativ kannst du einfach bei Google nach sinnvollen Plug-ins suchen. Da zu viele davon die Ladegeschwindigkeit deiner Website deutlich reduzieren, solltest du dich auf die notwendigsten beschränken.

Wie es bei mir gelaufen ist, und wie du auf die Seite eins bei Google kommen kannst

Vielleicht hast du schon davon gehört, dass dir Backlinks beim Vergrößern deines Bekanntheitsgrads helfen können. Doch was sind eigentlich Backlinks, und wie schaffst du es, dir diese aufzubauen? In diesem Kapitel möchte ich dir Klarheit darüber verschaffen. Außerdem werde ich dir die verschiedenen Backlink-Arten aufzeigen und dir erklären, worin sich diese unterscheiden. Zu guter Letzt erfährst du, welche Backlinks du auf deiner Homepage einbauen solltest und von welchen du am besten die Finger lässt.

Content ist King, ganz klar. Die Qualität deiner Texte steht an oberster Stelle. Deine Leser sollen ein einzigartiges Leseerlebnis verspüren. Was nützt aber all der wichtige und interessante Content, wenn niemand ihn findet? Um mit deiner Homepage auf Seite eins bei Google zu landen, gibt es einiges zu beachten. Wichtig ist, dass du weißt, es funktioniert: Du kannst mit einer neuen Domain mit wenig Content und wenigen Backlinks ein Feierabend-Startup aufbauen, indem du deine Kunden über Google erreichst. Auch wir bei Einfach Startup hatten keinen großen E-Mail-Verteiler, um den Blog bekannt zu machen. Ganz im Gegenteil: Wir starteten bei null.

Backlinks sind nicht die einzigen Rankingfaktoren, die deine Position bei Google beeinflussen. Auch das Alter deiner Domain ist ein ausschlaggebender Punkt. Je älter deine Domain ist, desto mehr vertraut dir die Suchmaschine. Langsam verlieren Backlinks an Bedeutung, da sich Google auf das Nutzererlebnis und die Absprungraten der User konzentriert. Darunter versteht man, wie lange ein User nach seiner Suche tatsächlich auf einer Internetseite verbleibt. Dennoch sind Backlinks noch immer ein entscheidender Rankingfaktor, den du beachten solltest.

Was ist ein Backlink?

Backlinks sind Links von deiner Internetseite, die auf anderen Internetseiten eingebunden sind. Wenn nun zum Beispiel der anklickbare Link www.feierabendstartup.de auf einer fremden Internetseite steht, ist das ein Backlink für unseren Blog »Feierabend Startup«.

Warum sind Backlinks sinnvoll?

Ist auf mehreren fremden Internetseiten dein Link eingebunden, heißt das für Google, dass deine Website wichtig sein muss. Immerhin verweisen andere Seiten darauf! Dabei spielt der Bekanntheitsgrad der fremden Website eine große Rolle: Umso bekannter, desto besser. Folglich wird das deine Position in den SERPs, wie die ersten zehn Suchergebnisse auf der ersten Seite von Google genannt werden, positiv beeinflussen.

Als vertrauenswürdige Seite darfst du dich ausschließlich mit anderen vertrauenswürdigen Seiten verlinken. Zu den nicht vertrauenswürdigen Seiten zählen alle, die gegen die Richtlinien von Google verstoßen. Bist du mit solch einer Seite verlinkt, bist du automatisch ebenfalls nicht mehr vertrauenswürdig. Zumindest geht Google davon in seinem »Bad-Neighbour-Prinzip« aus.

Die Qualität der Backlinks unterscheidet sich in mehreren Punkten. Ist die Nische der fremden Seite ähnlich oder gleich zu deiner, ist die Wertigkeit des Backlinks sehr hoch.

Ebenfalls entscheidend ist, wo dein Link auf der fremden Seite eingebunden ist. Ist dein Link zum Beispiel lediglich im Footer eingebunden, ist die Wertigkeit geringer. Gut für deine Homepage ist, wenn der Backlink mitten im Text oder in einer Beschreibung platziert wird.

Welche Varianten von Backlinks gibt es?

In der Suchmaschinenoptimierung wird zwischen LOWLEVEL und HIGHLEVEL-Backlinks unterschieden:

LOWLEVEL Backlinks

- ❏ Bookmarks
- ❏ Blogkommentare
- ❏ Forenlinks

- Artikelverzeichnisse
- Webkataloge

Google entwickelt sich stetig weiter. Die Zeiten sind vorbei, in denen du durch bloßes Setzen deines eigenen Links bei einer dieser Varianten eine Nummer-eins-Platzierung ergattern konntest. Heute ist es fragwürdig, ob du dadurch überhaupt noch eine Auswirkung auf dein Ranking erzielen kannst. Fest steht, dass zu viele LOWLEVEL-Backlinks deinem Ranking schaden.

HIGHLEVEL Backlinks

- Links aus dem Content (z. B. Gastartikel)
- Freeblog (z. B. einen zweiten Blog auf WordPress selbst eröffnen)
- deineseite.wordpress.com
- Pressemitteilung
- Presell-Page (eine Domain, die schon sehr alt ist, zeigt mit einem Link auf deine Seite)

Googles oberstes Ziel ist es, die höchste Relevanz für den User zu schaffen. HIGHLEVEL-Backlinks sind demzufolge dein einzigartiger Content, den du auf verschiedene Weisen im Internet präsentierst.

Wie kannst du nachhaltige Backlinks aufbauen?

Es gibt mehrere Wege, wie du hier vorgehen kannst. Wenn du dich für eine ausgelagerte, bezahlte Version entscheidest, ist diese mit Risiko behaftet. Findet Google es heraus, wird die Suchmaschine deine Seite abstrafen. Das ist das Schlimmste, was dir passieren kann. Ich befürworte das Generieren von kostenlosen Backlinks, indem du Gastartikel verfasst.

Geben ist schöner als Nehmen

Um auf einem etablierten Blog einen Gastbeitrag zu veröffentlichen, musst du zunächst eine Geschäftsbeziehung zu der anderen Internetseite aufbauen. Stelle dir zuvor folgende Fragen:

❒ Was ist der Mehrwert für die andere Seite?
❒ Welchen Nutzen bringst du dieser Seite mit deinen Informationen?

Niemand freut sich darüber, eine plumpe E-Mail von einem Internetseiten-Betreiber zu bekommen, der offensichtlich nur sich selbst im Kopf hat. Fange an, Fan von dem Big Player in deiner Nische zu werden. Mache auf dich aufmerksam, indem du dessen Inhalte kommentierst. Like die Fanpage und Posts. Teile deren Inhalte.

So baust du eine nachhaltige Beziehung auf und kannst mit gutem Gewissen einen Gastbeitrag anbieten. Dieser wird mit hoher Wahrscheinlichkeit auf der fremden Seite veröffentlicht. Diese Art von Backlinks ist für Google sehr hochwertig. Außerdem ist die Geschäftsbeziehung, die du aufgebaut hast, nicht nur für dich, sondern auch für den anderen wertvoll.

Wie kannst du dich noch aus der Masse hervorheben?

Durch eine Präsentation

Erstelle zu deinem Blogartikel eine Präsentation, die den gesamten Inhalt in ansprechender Form grafisch wiedergibt. Lege nun auf der Seite speakerdeck.de einen Benutzeraccount an und trage in den Profildaten die URL deines Feierabend-Startups ein. Nun lädst du die Präsentation hoch und gibst eine kurze Beschreibung ein, indem du die Menschen aufforderst, auf den Link deines Blogs zu klicken. Dieses Vorgehen ist dank des Backlinks für dich von Nutzen, aber es schafft auch für deinen Leser Mehrwert, weil er die Präsentation für seine Zwecke nutzen kann.

Durch ein Video

Mit Screenflow kannst du zum Beispiel mit einer Webcam deine eigene Präsentation kommentieren, moderieren und bei Youtube oder Vimeo hochladen. In dem Kanalprofil und in der Videobeschreibung setzt du mit der Aufforderung, deine URL zu besuchen, einen Backlink ein. Der Nutzen für deine User ist, dass sie sich das Video anschauen können, wenn sie zum Lesen keine Lust haben.

Durch eine Audiodatei

Lies deine Blogartikel vor und nehme sie zum Beispiel mit GarageBand auf. Die Audiodatei lädst du anschließend bei Soundcloud.de hoch und hinterlässt sowohl im Profil als auch in der Beschreibung einen Backlink zu deiner Internetseite. Falls dein User gerade Auto fährt, kann er sich deinen Blogartikel einfach anhören.

Sehr beliebt sind heute auch die Podcasts. Zu den berühmtesten Podcatchern (Software zum Abonnieren von Podcasts) zählen Plattformen wie die von iTunes, Winamp und gPodder. Auch eine gute Möglichkeit, neben YouTube viele Abonnenten deiner Show aufzubauen, falls du nicht gerne vor der Kamera stehst.

Nachdem Google bekannt wurde und viele verstanden haben, dass sie darüber Geld verdienen können, wenn sie auf der ersten Seite stehen, haben sogenannte Blackhats rausgefunden, welche Faktoren für das Ranking wichtig sind und haben diese schamlos für jede Schrottseite ausgenutzt. Diese hatten aber leider keinen Mehrwert für den Suchenden.

Durch die »Click Trough und Bounce Rate« misst Google, wie oft die Suchenden auf die ersten Ergebnisse klicken und wie lange sie sich auf deiner Seite befinden. Google misst außerdem, wie oft die Besucher auf deiner Seite selbst interagieren. Dadurch ist es für Spam-Websites nochmal schwieriger geworden, in den Suchergebnissen ganz oben aufzutauchen.

Mittlerweile gibt es keinen einfachen Weg mehr, um bei Google auf die erste Seite zu gelangen. Du musst dich an technische Grundregeln halten, dich mit anderen Menschen vernetzen und vor allem einen echten Mehrwert für deine Kunden bieten.

Du willst einen Onlineshop bauen? Kein Problem!

Die erste Hürde hast du erfolgreich gemeistert: Du hast die Frontpage fertig, ansprechende Leistungsbeschreibungen verfasst, einen knackigen »Über-mich«-Text formuliert, alle Kontaktdaten eingepflegt und ein Impressum generiert. Nun willst du mehr! Du willst deine Website als Verkaufsseite anbieten und den nächsten Schritt ins Zeitalter des eCommerce gehen. Wie kannst du mit deiner WordPress-Seite einen Onlineshop umsetzen? Nachfolgend erfährst du außerdem, welche rechtlichen Themen du beachten musst und welche Erweiterungen für deine Website notwendig sind. Ziel ist es, für dein Feierabend-Startup einen voll funktionsfähigen Onlineshop zu besitzen, mit dem du Einkünfte generieren kannst. Außerdem erkläre ich dir, wie du ein vollautomatisches System integrierst, das von selbst Rechnungen schreibt, DHL-Labels für den Paketversand druckt, SEPA, Kreditzahlungen und Co. entgegennimmt und das Inkasso-Management für ausgefallene Zahlungen übernimmt.

Warum es manchmal Sinn macht, Content und Shop zu trennen

In einigen Fällen empfehle ich dir, deinen Onlineshop von deinem Blog zu trennen. Das heißt, du führst deinen Onlineshop, in dem du Waren und Dienstleistungen anbietest, auf einer eigenen Domain. Auf einer weiteren Domain platzierst du deinen Blog, also deinen Content und weitere wichtige Infos. Welchen Vorteil hat das? Da du auf deinem Blog kein Produkt aktiv anbietest, wird es dir leichterfallen, auf anderen Seiten Gastartikeln zu platzieren und dadurch Backlinks zu generieren. Außerdem bist du flexibler, weil du so oft du magst auf deine Produkte und Dienstleistungen verweisen kannst. Kombinierst du beides auf einer Seite, wird es erfahrungsgemäß schwer, als neutrales Angebot wahrgenommen zu werden.

Hast du hingegen schon einen gewissen Bekanntheitsgrad erreicht, ist es nicht mehr so wichtig, beide Seiten zu trennen.

Das Plug-in WooCommerce

Theoretisch brauchst du nur ein einziges Plug-in, um einen Shop zu installieren: WooCommerce.

Dieser Anbieter hat es geschafft, sich gegen alle durchzusetzen und ist mit den Jahren zum größten Shop-Plug-in für WordPress geworden. WooCommerce ist einfach zu bedienen und in der Basisversion kostenlos. In dieser Version kannst du einfache Produkte verkaufen: zum Beispiel Kaffeetassen, variable Produkte wie T-Shirts, die in verschiedenen Farben und Größen verfügbar sind, Affiliate-Link-Produkte, aber auch virtuelle Produkte wie E-Books, die der Benutzer downloaden kann. Unter Affiliate-Links versteht man Empfehlungslinks, bei denen ein externer Anbieter das Produkt verkauft, du aber durch den Kontakt und den Klick auf deinen Link an einer Vermittlerprovision beteiligt bist. Für ein kostenloses Produkt ist das ganz schön viel. WooCommerce kann aber noch mehr. WooCommerce ist dermaßen hoch entwickelt, dass es sich deinem ausgesuchten Design, welches du dir beispielsweise auf Themeforest bestellt hast, anpasst. Als Kunde kannst du dir ein Kundenkonto anlegen und in deinem Profil deine Bestellungen ansehen. Außerdem kannst du deine Anschrift verwalten und deine Zahlungsdaten hinterlegen, um beim nächsten Kauf schneller durch den Kassenbereich zu kommen.

WooCommerce ist ein amerikanisches eCommerce-Plug-in, das vollständig ins Deutsche übersetzt wurde. Dennoch müssen einige Zusätze, die den Datenschutz sowie Verbraucherrichtlinien enthalten, gemacht werden. Ich empfehle dir das Plug-in WooCommerce Germanized. Auch dieses Tool ist in der Basisvariante kostenlos. Die Lizenz für die Vollversion beginnt mit einer einmaligen Gebühr ab 70 Euro. Diese hat den Vorteil, dass es mit einem Generator ausgestattet ist, der auf deinen Onlineshop angepasste AGBs, ein Impressum und eine Widerrufsbelehrung erstellt. Näheres dazu kommt noch im späteren Kapitel vor. All dies kannst du aber auch kostenlos auf e-recht24.de generieren. Nochmal zusammengefasst: Bei deinem Onlineshop sind vier Dinge wichtig:

- Impressum
- Datenschutzerklärung
- Allgemeine Geschäftsbedingungen
- Widerrufsbelehrung

Natürlich kann dieses Buch keine Rechtsberatung ersetzen, weswegen ich dir empfehle, einen Fachanwalt für Onlinerecht zu Rate zu ziehen.

Abo Commerce – hilft dir, Kunden langfristig zu binden

Abo-Modelle werden bei Onlineshops immer beliebter. Der große Vorteil dabei ist, dass du mit kontinuierlichen und wiederkehrenden Einnahmen rechnen kannst. Für deine Kunden wiederum bedeutet dies, dass sie deine Dienstleistungen oder Produkte günstiger erwerben können, weil du anhand des Life-Time-Values anders kalkulieren kannst. Du kannst eine Abo-Funktion mit einer WooCommerce-Erweiterung namens WooCommerce Subscription realisieren. Bei diesem Plug-in installiert sich in deinem WordPress Back-End eine völlig neue Unterkategorie, mit der du alle Abonnements einfach und übersichtlich verwalten kannst. Dabei sind der Variationsmöglichkeit deines Abonnements keine Grenzen gesetzt: Von täglich, wöchentlich, monatlich, jährlich oder jeweils alle 2, 3 oder 4 Tage, Wochen, Monate oder Jahre ist alles möglich. Leider ist diese Erweiterung ziemlich teuer. Ich habe für eine Lizenz einmalig 199 Dollar bezahlt.

Von Zahlungsanbietern und Payment Gateways

Um nicht nur PayPal als Zahlungsmöglichkeit anbieten zu können, brauchst du ein sogenanntes Payment Gateway. Darunter versteht man einen externen Zahlungsanbieter, der die komplette Zahlungsfunktion in deinem Shop integriert. Achte bei der Auswahl deines Anbieters darauf, dass die Funktion »iframe« zur Verfügung steht, damit dein Kunde zur Bezahlung nicht von deiner Seite auf eine andere Seite geleitet wird. Leider gibt es hier derzeit keine kostenlosen Anbieter. Ich habe mit Novalnet super Erfahrungen gemacht. Diese Firma unterstützt in deinem WordPress-Onlineshop sowohl normale Zahlungen als auch Abo-Zahlungen. Die Kosten für diesen Service sind durchaus konkurrenzfähig und gleichen dem Angebot anderer Payment-Gateway-Anbieter. Falls etwas nicht klappt, kannst du beim deutschsprachigen technischen Support anrufen. In meinem Onlineshop wurden sogar kostenfrei Fehler behoben, nachdem ich einen Zugang für Novalnet eingerichtet habe. Novalnet übernimmt auch Mahnungen und sogar das Inkassomanagement vollautomatisch, sodass du dich um nichts zu kümmern brauchst.

Der Versand – Wie dein Produkt zum Kunden kommt

Im Internet gibt es zahlreiche Anleitungen, die sich mit WooCommerce und Onlineshops beschäftigen, aber kaum welche, die sich mit dem Versand via DHL und Co. beschäftigen.

Auf diesen Service hat sich Sendcloud spezialisiert und bietet dir ein Tool für WooCommerce, mit dem du deine Labels für DHL, DPD oder UPS direkt ausdrucken kannst, sobald eine Bestellung eintrifft. Der Support begleitet dich bei der Installation Schritt für Schritt, sofern irgendwelche Fragen oder Probleme auftauchen. Es gibt sogar eine kostenlose Version. Mit dieser kannst du allerdings keine eigenen Verträge einbinden, die du eventuell schon mit einem Paketdienstleister geschlossen hast.

Bei Shipcloud hast du die Möglichkeit, deine Pakete über die Verträge von Shipcloud zu versenden, die dieser Dienst individuell mit den Paketdienstleistern vereinbart hat. Durch dieses Kollektiv könnten für dich als Feierabend-Startuper günstigere Paketpreise entstehen, wenn du in der Anfangszeit noch keine großen Mengen versendest. Neben einer monatlichen Grundgebühr fallen außerdem, ähnlich wie bei Sendcloud, Kosten für die Erstellung von Versandmarken an. Diese Kosten unterscheiden sich dann je nachdem, welchen Versanddienstleister du für dein Feierabend-Startup auswählst.

Wir haben mit DHL die besten Erfahrungen gemacht. Wenn du dir diese Pauschale pro Paket sparen willst, gibt es für DHL das WooCommerce DHL Express Shipping Plugin with Print Label, für das ich einmalig 69 Dollar bezahlt habe. Zuvor musst du dich im DHL-Geschäftskundenportal anmelden. Dort legst du dein zu erwartendes Versandvolumen pro Jahr fest und trägst die Adressdaten deines Feierabend-Startups ein. Sobald vertraglich alles geklärt ist, musst du dich erneut im DHL-Entwicklerportal anmelden. Dort generierst du eine API, also eine Schnittstelle, die einen sogenannten Token generiert, der für dein Versand-Plug-in bei WordPress wichtig ist.

Das Plugin ist sehr einfach über deine WordPress Seite zu installieren. Die erforderlichen Daten findest du in deinem Geschäftskunden Portal bei DHL oder entnimmst sie deinem Vertrag. Auch mit Warenwirtschaftsprogrammen wie BillBee (kostengünstige Variante) oder Xentral kannst du dein Paket versenden. Wenn du im Vorfeld bei der Portokasse Deutsche Post ein Konto einrichtest, kannst du sogar Deutsche Post Briefmarken erzeugen. Außerdem kannst du Rechnungen schreiben, deine Produkte verwalten, Packlisten erstellen und vieles mehr. Zugegeben, es ist ziemlich kompliziert, diese Variante einzustellen. Der Support hilft dir jedoch gerne weiter.

Weitere Möglichkeiten

Es gibt etliche Erweiterungen, beispielsweise Gutscheinlinks, Follow-up-E-Mails und viele weitere, mit denen du deinen Umsatz erhöhen und dein WooCommerce ergänzen kannst. Die meisten davon findest du direkt auf woocommerce.com.

Wie du aus Besuchern echte Kunden machst

Wie nutzt du die Kundenleiter für dein Feierabend-Startup?

Du hast jetzt alles zum Thema Gründen, Gewerbe anmelden, Aufbau der Website und Domain sichern gelesen. Die Gretchenfrage ist allerdings: Wie kommst du zu Kunden? Alle Geschäftsmodelle beginnen mit dieser Frage. Egal ob du mit deinem Feierabend-Startup Waren im Onlineshop anbietest, ein Wochenend-Bistro betreibst oder Stadtführungen machst, irgendwie muss es dir gelingen, Kunden auf dich aufmerksam zu machen. Die Frage ist nur, wie? Du kannst ein noch so überragendes Geschäftsmodell haben und fest daran glauben, dass die Leute nur darauf warten. Leider kommen Kunden in den meisten Fällen nicht von alleine. Wie kannst du also dafür sorgen, dass du mit deinem Feierabend-Startup Aufmerksamkeit bekommst und deine Idee durch die Decke geht? Dazu wollen wir uns anschauen, welche Wege es gibt, um zum Kunden zu kommen, wie du einen professionellen Verkaufskanal aufbaust, dort eine gewisse Automation integrierst und deine Kunden strategisch durch dein Produktsortiment führst.

Wann kauft ein Kunde dein Produkt oder deine Dienstleistung? Wenn er Vertrauen zu dir hat. Daher musst du deinem Kunden zeigen, dass du ihn kennst und dass du weißt, was ihn beschäftigt. Wie gelingt dir das? Als Erstes solltest du an deinem Expertenstatus arbeiten. Überlege dir, welche Zielgruppe du mit deinem Feierabend-Startup ansprechen willst. Um das herauszufinden, hast du bereits die Tools SECockpit, Sistrix, Linkbird und den Google Keyword Planner kennengelernt.

Es gibt eine Alternative zur Erstellung von keywordbasierten Blogartikeln und Videos, und zwar die Schaltung von bezahlter Werbung. Hierbei gibt es zahlreiche Möglichkeiten, die für dein Geschäftsmodell sinnvoll sein können oder auch nicht. Es kann dich eine Menge Geld kosten, Anzeigen auf Facebook, Google, Instagram und Co. zu schalten. Gerade am Anfang kann dies sehr schmerzhaft sein. Ich empfehle dir, mit kleinen Testschleifen zu beginnen, um nicht zu viel Geld zu verschwenden. Du kannst beispielsweise bei Facebook zudem deine Zielgruppe genau kategorisieren, wenn du deren Interessen kennst und dieses Wissen in deine Anzeige mit einfließen lässt. Dies hat den großen Vorteil, dass ausschließlich deiner Zielgruppe deine Werbung angezeigt wird. So kannst du mit wenig Geldeinsatz eine riesige Gruppe von Menschen erreichen. Wenn du beispielsweise bei Facebook Werbung schaltest, unterscheiden sich die Preise je nachdem, was du bewirbst. Facebook erkennt, ob du eine Werbung für ein konkretes Produkt schaltest oder Mehrwert bewirbst. Aus diesem Grund variieren die Preise auch sehr stark für die verschiedenen Werbeanzeigen. Ein beworbenes E-Book oder ein Produkt ist deutlich teurer als ein Video oder ein Blogartikel.

Die Strategie dahinter kann zum Beispiel sein, dass du einen Blogartikel oder ein Video bewirbst und dadurch Traffic auf deiner Website entsteht. Davon werden sich wiederum Interessenten in ein Opt-in Feld auf deiner Seite für ein kostenloses E-Book eintragen oder ein Produkt kaufen, weil du mit Mehrwert überzeugst, und du kannst deinen Verkaufskanal starten. Die Werbeanzeigen auf den Sozialmediakanälen sind immer eine Frage des Produkts. Du musst für dich herausfinden, welches Medium zu dir passt und wiederum auch testen. Es gibt immer neue Funktionen und Kanäle. Die aktuell am schnellsten wachsende Plattform ist wohl Snapchat. Noch vor einigen Jahren hat Facebook ein Angebot über 3 Milliarden Dollar gemacht, was dem damals 23-jährigen Gründer aber anscheinend zu wenig war. Wohlgemerkt hatte Snapchat zu dieser Zeit 0 Dollar Umsatz generiert. Aktuell wird der Wert des Unternehmens allerdings mit knapp 6 Milliarden Dollar beziffert. Seit 2017 ist es an der Börse. Gerade weil Facebook hier Konkurrenz machen will und auch mit dem zuvor erworbenen Instagram eine zum Verwechseln ähnliche Videofunktion entwickelt hat, werden Videos auf diesen Plattformen zur Zeit sehr unterstützt, was sich in den Preisen für Werbung widerspiegelt. Wie lange solche Trends anhalten, ist natürlich immer die Frage.

Leider hat diese Art von Marketing auch Nachteile. Zum einen bleibt der Traffic auf deiner Website aus, sobald du deine Anzeigen abschaltest. Bei organischem Traffic ist dies nicht der Fall, denn dein hochwertiger Content bleibt auf deiner Homepage bestehen. Weiterhin erkennen insbesondere bei Google viele Nutzer bezahlte Werbeanzeigen und gehen bewusst darüber hinweg. Zwar kostet dich das nicht unbedingt Geld, weil niemand darauf klickt, aber du hast im Umkehrschluss auch keinen Traffic. Je weniger Leute auf deine Anzeige klicken, desto höher wird der Preis für die, die klicken, denn Facebook beispielsweise versucht, pro Anzeige immer die gleichen Einnahmen zu generieren.

Wenn du dich dafür entscheidest, deine Anzeigen von einem Dienstleister erstellen und betreuen zu lassen, solltest du genauestens auf die Angebotsbeschreibung schauen. Es gibt schwarze Schafe, die beispielsweise nur für die Einrichtung des Google-Adwords-Kontos horrrende Summen nehmen, obwohl es lediglich 15 Minuten dauert und wenig komplex ist. Andere Anbieter verlangen für die Betreuung vierstellige Summen pro Monat. Überlege genau, ob diese Art von Dienstleistern für dich interessant und notwendig ist.

Anhand einer sogenannten Kundenleiter lässt sich darstellen, welche Phasen der Kunde durchläuft, wenn er mit dir interagiert. Die Kundenleiter erfasst deine gesamte Produktpalette und kann dir bei der Strukturierung deiner Produkte helfen.

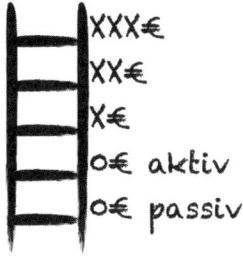

Die erste Stufe ist die »Null-Euro-Passiv-Stufe«. Hierbei ist der kostenlose Mehrwert entscheidend, den du deinen Kunden gibst. Du gehst hier in Vorleistung. Je mehr hochwertigen Gratis-Content du deinen Kunden anbietest, desto besser. Die zweite Stufe der Kundenleiter ist die »Null-Euro-Aktiv-Stufe«. Diese Stufe bietet zwar ebenfalls kostenlosen Mehrwert, allerdings muss dein Kunde selbst aktiv werden, indem er seine E-Mail-Adresse einträgt. Wohlgemerkt musst du auch hier wieder Mehrwert bieten. Nur wenn du stark in Vorleistung gehst, werden dir die Kunden Vertrauen schenken und dich im Idealfall weiterempfehlen.

»Tu mehr als das, wofür du bezahlt wirst.«

Brian Tracy

E-Mail-Adressen sind heutzutage extrem kostbar. Ich selbst überlege mir mittlerweile genau, bevor ich mich irgendwo anmelde. Viele übertreiben es mittlerweile mit Newslettern, Angeboten und Spam-Mails. Du musst einen echten Mehrwert anbieten, damit ein Kunde seine E-Mail-Adresse bei dir hinterlässt. Das »Null-Euro-Aktiv-Produkt« kann ein E-Book, Video, Onlinekurs oder auch ein Trainingsplan sein, je nachdem, was zu deinem Feierabend-Startup passt. Sobald du die E-Mail-Adresse bekommen hast, solltest du einen sinnvollen und professionellen Verkaufskanal starten. Auf diesen gehe ich später im Detail ein.

Das Verhältnis von Websitebesucher zu erhaltenen E-Mail-Adressen wird als Conversion Rate bezeichnet. Bei einem kostenlosen Produkt ist die Schwelle des Interessenten, seine E-Mail-Adresse einzugeben, natürlich geringer als bei einem kostenpflichtigen Produkt. Wir haben aktuell eine Conversion Rate von Besuchern zu E-Mail-Adressen von etwas über einem Prozent. Das bedeutet, wenn du auf deiner Website 10.000 einzelne Besucher im Monat hast, wächst deine E-Mail-Liste mit 100 Kontakten pro Monat. Als Richtwert kannst du dir 1 bis 3 Prozent Conversion Rate merken und anpeilen.

Nun hast du hoffentlich eine erfolgreiche Möglichkeit gefunden, E-Mail-Adressen von potenziellen Kunden zu generieren. Dies stellt dein Potenzial dar, mit dem du später deine Produkte testen, weiterentwickeln und auch verkaufen kannst. Wichtig finde ich immer, dass du diese Kontakte nicht als bloße Ressource siehst, sondern als wertvolles Gut. Denn letztendlich ist es dein Potenzial für deinen Erfolg. Wenn ich andere sprechen höre, die Leads kaufen und darüber sprechen, als wäre dies eine Schar hilfloser Opfer, die mit unnützer Produktwerbung zugespamt werden, stehen mir die Haare zu Berge. Ich bin davon überzeugt, wirklich nur die Produkte zu empfehlen, die ich auch meiner Familie oder meinen Freunden empfehlen würde.

Die nächste Stufe der Kundenleiter ist die erste, bei der du mit deinem Feierabend-Startup Geld verdienst. Sie wird geringe Preisstufe oder auch »X-Euro-Stufe« genannt. Dabei gilt es, ein Produkt zu erstellen, das du für einen geringen Eurobetrag verkaufen kannst. Die Höhe des Preises hängt immer von deiner jeweiligen Zielgruppe ab. Die Zielgruppe von Studenten und Schülern reagieren auf andere Preisschwellen als die Zielgruppe der 40- bis 50-jährigen Golfspieler beispielsweise.

Ziel hierbei ist, dass deine Kunden damit beginnen, ein Produkt von dir zu kaufen und somit die erste Kaufschwelle überschreiten. Statistisch gesehen ist es wahrscheinlich, dass Kunden, die bereits einmal etwas bei dir gekauft haben, eher bereit sind, erneut Geld zu investieren. Bei diesem Produkt geht es nicht darum, eine möglichst große Marge zu haben oder viel Geld zu verdienen, sondern wirklich nur darum, dass die erste Kaufschwelle überschritten wird. Es kann auch sein, dass du hierbei gar keinen Gewinn erzielst, sondern lediglich die Produkte zum Einkaufspreis durchreichst. Mit dieser Stufe legst du den Grundstein des Erfolgs deines Feierabend-Startups. Es lohnt sich, dass du dir etwas Besonderes ausdenkst.

Als nächste Stufe folgt die zweistellige Preisstufe (XX €), bei der du ein höherpreisiges Produkt anbietest. Ab dieser Stufe kannst du Produkte anbieten, mit denen du deine hauptsächlichen Einnahmen erzielen möchtest und die deine Kerndienstleistung widerspiegeln. Natürlich ist es gerade zu Beginn schwierig, auf einen Schlag fünf oder sechs hochwertige Produkte an den Start zu bringen. Deshalb kann es vorerst ausreichend sein, die Kundenleiter nur zum Teil zu erstellen, beispielsweise lediglich bis zum einstelligen Europrodukt oder sogar nur bis zum Null-

Euro-Aktiv-Produkt. Dein Ziel sollte es sein, Bekanntheit zu erlangen und die bereits genannten E-Mail-Adressen zu generieren.

Je nachdem, wie du dein Feierabend-Startup aufbaust, kannst du vorerst auch nur deine Kerndienstleistung und ein Null-Euro-Aktiv-Produkt anbieten. Dies macht insbesondere dann Sinn, wenn deine Geschäftsidee noch nicht zu 100 Prozent stimmig ist und du noch Verbesserungsschleifen oder Entwicklungsstufen benötigst. Wichtig ist, dass du mit deiner Idee nach draußen gehst und Feedback sammelst. Als hochpreisige Produkte bieten sich auch weiterführende Angebote an. Dies kann beispielsweise ein Einzeltraining sein, wenn du im Fitnessbereich tätig bist, oder ein Train-the-Trainer-Kurs, der sich an Menschen richtet, die ein ähnliches Business aufbauen möchten. In letzterem Fall solltest du jedoch wegen potenziellen Nachahmern vorsichtig sein.

Als Praxisbeispiel bietet sich unser Blog feierabendstartup.de an. Wir haben die Kundenleiter nach einiger Zeit und mehreren Irrwegen erfolgreich aufgebaut. Zuallererst kommen unsere Interessenten mit dem Null-Euro-Passiv-Produkt in Berührung. Dies ist bei uns der Blog, der aktuelle Themen rund um die nebenberufliche Selbstständigkeit beleuchtet. Weiterhin gibt es unseren YouTube-Channel, auf dem wir alle Blogartikel auch als Video veröffentlichen. Der große Vorteil dabei ist, dass ich selbst zu sehen bin, was persönlicher wirkt als bloßer Text. Unsere Null-Euro-Passiv-Produkte sind Keyword-optimiert, damit die gewünschte Zielgruppe auf jeden Fall auf uns aufmerksam wird, sobald sie relevante Themen im Internet sucht.

Als Null-Euro-Aktiv-Produkt hatten wir ursprünglich mehrere Produkte erstellt. Zum einen gibt es das kostenlose E-Book mit 20 nützlichen Tools, die du für dein Feierabend-Startup brauchst. Diese Tools sollen dir im Alltag helfen und deine Arbeitsprozesse optimieren. Weiterhin hatten wir einen Generator, der anhand deiner Eingaben die optimale Rechtsform für dein Nebengewerbe ermittelt. Das ist ideal für Menschen, die am Anfang stehen und nicht genau wissen, welche Rechtsform am besten zu ihnen passt. Ähnliche Generatoren kannst du mit Hilfe eines Plug-ins auf deiner Website installieren. Auch wenn dies etwas Arbeit kostet, die Mühe lohnt sich, da du dadurch Kontakte von potenziellen Kunden bekommst. Das dritte Null-Euro-Aktiv-Produkt in unserer Kundenleiter war das erste Starter-Webinar unserer vierteiligen Serie. Hier wurden gebündelt die wichtigsten Gründungsthemen besprochen. Danach sollte jeder in der Lage sein, ein Feierabend-Startup anzumelden.

Als erstes Produkt, mit dem wir Geld verdienen, hatten wir die Teile zwei bis vier des Starter-Webinars entwickelt. Diese sind die Fortführung des kostenlosen ersten Teils des Webinars. Als großen Vorteil gibt es hier die Möglichkeit, live mit uns zu chatten und Fragen zu klären. Je nachdem, über welchen Kanal der Interessent auf dieses Produkt stößt, kostet das Webinar zwischen 2 Euro und 9 Euro. Weitere Produkte sind unsere beiden Onlinekurse bei Udemy. Hierbei gilt es zu beachten, dass wir bei Udemy auf deren Angebotslaunen angewiesen sind. Manchmal werden die Kurse so stark rabattiert, dass sie für zehn Euro angeboten werden, egal wie hoch der Originalpreis ist. Unsere Kurse bewegen sich einem Preissegment zwischen 40 Euro und 80 Euro, was für das vermittelte Wissen sehr niedrig angesetzt ist. Aktuell produzieren wir einen dritten Udemy-Kurs, der sich mit dem Thema Marketing beschäftigt. Wie du siehst, ist unsere Kundenleiter schon recht gut bestückt, wenn sie auch noch nicht endgültig fertig ist. Wir entwickeln sie ständig weiter, weshalb es vorkommen kann, dass in Zukunft manche der angesprochenen Produkte nicht mehr angeboten werden oder durch andere ersetzt werden. Mittlerweile haben wir bis auf das Ebook, die Bücher und die Kurse bei Udemy keine weiteren Produkte mehr.

> **Checkliste**
>
> ✓ Welche Kanäle willst du mit deinem Feierabend-Startup nutzen?
>
> ✓ Überlege, welche Produkte für deine Kundenleiter in Frage kommen.
>
> ✓ Erstelle dein erstes 0-Euro-aktiv-Produkt.
>
> ✓ Erstelle dein erstes X-Euro-Produkt.

Wie du einen professionellen Verkaufskanal aufbaust

Du weißt nun, wie du die Produktpalette deines Feierabend-Startups strukturieren kannst. Das alleine genügt leider noch nicht, um Kunden auf dich aufmerksam zu machen. Was kannst du unternehmen, damit deine Produkte gekauft werden und du nicht ständig irgendwo anrufen musst, um Werbung zu machen? Hierzu solltest du einen professionellen Verkaufskanal aufbauen.

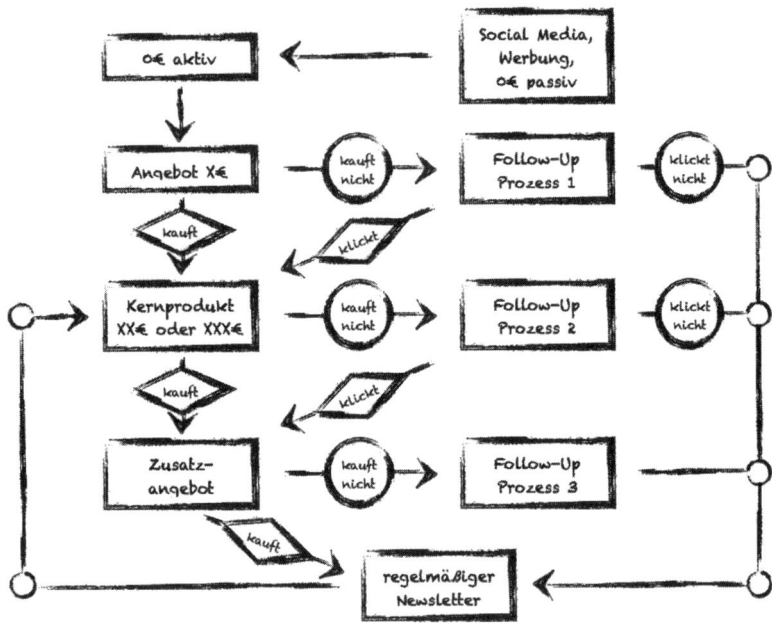

Der Verkaufskanal wird in der Regel mit Hilfe eines Newslettersystems konstruiert. Aber beginnen wir am Anfang. Du weißt bereits, wie du deine Website gestaltest und Plug-ins installierst. Dazu solltest du auf jeden Fall ein Newslettersystem nutzen. Es gibt diverse Möglichkeiten auf dem Markt, und viele kannst du kostenlos testen. Entscheidend für die Auswahl ist das Ziel, das du verfolgst. Die meistgenutzten Newslettersysteme sind beispielsweise Klicktipp, MailChimp, GetResponse und Cleverreach. Ich empfehle dir mit MailChimp zu starten, da es eines der größten ist und mit den meisten Systemen, beispielsweise WooCommerce, gut zusammenarbeitet, und mit den meisten Systemen, beispielsweise WooCommerce, gut zusammenarbeitet. Du kannst auch Klicktipp nutzen, was allerdings relativ hohe Kosten verursacht. MailChimp hingegen ist bis 2.000 Kontakte und ohne Automatisierung kostenlos und somit ideal für den Anfang deines Feierabend-Startups. Die feinen Unterschiede zwischen den Systemen wirst du erst bemerken, wenn du wirklich damit arbeitest und bestimmte Funktionen wichtig werden.

Je nachdem, welches Newslettersystem du wählst, ist die Einstellung komplexer oder auch nicht. Ziel ist es, dass dein Verkaufskanal grundsätzlich automatisiert funktioniert. Du möchtest auf keinen Fall jede E-Mail von Hand verschicken, geschweige denn auswerten, welcher Kunde worauf reagiert hat und was er bereits an Produkten gekauft hat. Wenn du dich für eines der Systeme entschieden hast, richtest du es ein und verbindest es mit deiner Website. Das geht entweder direkt per API, also einer internen Schnittstelle, die die Daten übermittelt, oder über ein Plug-in. Letzteres installierst du direkt bei Wordpress. Du benötigst es insbesondere für weiterführende Funktionen. In beiden Fällen werden deine gesammelten E-Mail-Adressen in dein Newslettersystem importiert. Nun gilt es, einen möglichst gut funktionierenden Verkaufskanal aufzubauen. Wie kann dieser aussehen?

Der Verkaufskanal startet im Grunde mit der Erstellung eines Null-Euro-Passiv-Produktes, denn dadurch wird der Interessent das erste Mal auf dich aufmerksam. Nach den bereits beschriebenen Erstkontakten, die nötig sind, holt er sich dein Null-Euro-Aktiv-Produkt. Spätestens jetzt setzt offiziell dein Verkaufskanal ein. Als Erstes bekommt der Interessent die Seite für den Download deines Null-Euro-Aktiv-Produktes. Bestimmt kennst du diese Seite. Meistens steht dort ein Text à la »Vielen Dank, dass du dir das E-Book (bzw. dein Produkt) heruntergeladen hast.« Direkt darunter zeigst du dein Produkt mit dem geringen Europreis. Das bedeutet, jeder, der dein Null-Euro-Aktiv-Produkt bezieht, kommt direkt auf das Angebot. Wenn du damit überzeugst, hast du mit deinem Verkaufskanal deinen ersten Umsatz gemacht. Wieder folgt eine Seite, auf der du dich für den Kauf bedankst. Darunter präsentierst du dein Kernprodukt, das zwei- oder dreistellige Europrodukt.

Sollte sich der Interessent dafür entscheiden, machst du ihm ein Zusatzangebot. Dies kann zum Beispiel ein Buch sein, das du für ein paar Euros dazugibst. Damit erhöhst du die Zufriedenheit deines Kunden. Danach wird der Kontakt dem regelmäßigen E-Mail-Newsletter zugeführt und bekommt immer alle Neuigkeiten von dir. Denke aber bitte daran, stets Mehrwert zu verschicken.

Schlägt der Interessent dein erstes Bezahlangebot aus, gelangt er in den Follow-up-Prozess 1. Dort hast du im Vorfeld einige E-Mails erstellt, die nun in den von dir festgelegten Abständen verschickt werden. Ich würde dir empfehlen, nicht mehr als eine E-Mail pro Woche zu verschicken, da deine Subscriber sich ansonsten abmelden, weil sie sich belästigt fühlen. Du solltest mindestens fünf E-Mails einstellen. Nach oben ist die Anzahl offen, wird aber wahrscheinlich von deinem Content begrenzt. Auch in diesen E-Mails ist das Wichtigste, dass du Mehrwert schaffst. Das können beispielsweise Blogartikel, Videos, Anleitungen etc. sein, je nachdem, was du mit deinem Feierabend-Startup darstellen kannst. Gleichzeitig solltest du in der E-Mail ein Angebot für dein Kernprodukt machen, zu dem der Leser gelangt wäre, wenn er das erste Produkt gekauft hätte.

Mit dem Newslettersystem registrierst du, welcher Leser wirklich auf den Link des Angebots klickt und wer nur den Content konsumiert. Wenn der Leser nicht auf das Angebot klickt und alle E-Mails verschickt wurden, wird er dem regelmäßigen Newsletter zugeführt. Klickt der Leser auf das Angebot und kauft es, ist er wieder auf dem eingangs beschriebenen Pfad und bekommt anschließend das Zusatzangebot. Das Klicken auf das Angebot, gepaart mit dem Nicht-Kaufen des Produkts, löst hingegen eine weitere E-Mail-Serie aus, nämlich den Follow-up-Prozess 2. Auch hierbei verschickst du in erster Linie wieder Mehrwert. Zusätzlich befindet sich in diesen E-Mails ein Spezialangebot. Jetzt gibt es nämlich dein Kernprodukt mit dem Zusatzangebot für einen rabattierten Preis. Wie kann das aussehen? Nehmen wir an, dein Kernprodukt kostet regulär 49 Euro und das Zusatzangebot nochmal 9 Euro. Im Follow-up-Prozess 2 gibt es nun beide Produkte beispielsweise für 39 Euro. Dein Leser soll aufgrund des guten Angebots einen starken Kaufimpuls verspüren.

Warum macht das Sinn? Du hast bereits zweimal nicht mit deinem Produkt überzeugen können. Die Wahrscheinlichkeit ist groß, dass du den Interessenten gar nicht mehr überzeugen kannst. Deshalb musst du nochmal aufs Ganze gehen und ihm ein unschlagbares Angebot machen. Kauft er, ist alles gut, und er gelangt in den regelmäßige Newsletterverteiler. Kauft er hingegen wieder nicht, folgt der Follow-up-Prozess 3. Hier gibt es keinerlei Angebot mehr, sondern nur noch Mehrwert. Du brauchst hierfür nicht unbedingt unzählige E-Mails. Sobald deine E-Mail-Serie endet, wird der Kontakt deinem regelmäßigen Newsletterprozess zugeführt. In diesem enden alle Follow-up-Prozesse. Erneut gibst du Mehrwert, informierst aber auch über neue Produkte oder Projekte und alles, was deine Interessenten über dich wissen müssen oder was sie interessiert. Du kannst immer wieder auf dein Kernprodukt hinweisen. Indem du hochwertigen Mehrwert lieferst, soll die Gefahr vermindert werden, dass dein Interessent deinen Newsletter abbestellt.

Du kannst diesen Verkaufskanal mit den Newslettersystemen größtenteils automatisieren, sobald du den Content und die Produkte geschaffen hast. Der beschriebene Verkaufskanal ist auf drei Ebenen angelegt, wobei du auch weitere Produkte und Ebenen einstellen kannst. Damit steigerst du die Wahrscheinlichkeit, dass jemand etwas kauft. Du kannst den Auslöser, also das Null-Euro-Aktiv-Produkt, auch auf deiner Website, Facebook-Fanpage, Instagram, YouTube und anderen Social-Media-Kanälen platzieren. Umso mehr Traffic du auf deiner Seite hast, desto größer sind die Chancen, dass sich potenzielle Interessenten mit ihrer E-Mail-Adresse bei dir eintragen. Noch ein wichtiger Tipp: Es macht sehr viel Arbeit, dein Newslettersystem im Nachhinein auf ein anderes umzustellen. Dabei gehen sämtliche Interaktionen und Informationen deiner Interessenten verloren, da du nur die CSV-Daten übertragen kannst. Darüber hinaus verlierst du die Klickraten, Öffnungsraten und deine verschiedenen E-Mail-Kampagnen. Setze dich also im Vorfeld ausführlich mit dem Newslettersystem auseinander, um einen späteren Wechsel möglichst zu vermeiden.

Dein eigener Accelerator – Arbeite smart und spare Zeit

Gerade zu Beginn deines Feierabend-Startups gibt es viele organisatorische Dinge, die du klären musst und die dich aufhalten. Ein Accelerator im eigentlichen Sinne ist eine Institution, die dir und deinem Feierabend-Startup zu einer schnelleren Entwicklung verhelfen soll, wie beispielsweise schnelleres Wachstum, mehr Mitarbeiter oder das erste große Büro.

Wir wollen uns jedoch zu allererst anschauen, was du selbst tun kannst, um dieses Ziel zu erreichen. Es gibt nämlich einige Programme, Tools und wissenswerte Tipps, die dir die Verwaltungsarbeit erleichtern und den Aufbau deines Feierabend-Startups beschleunigen.

Nutze Listen

Um dich bestmöglich zu organisieren, empfehle ich dir, ein Listensystem einzuführen. Gerade wenn dein Feierabend-Startup wächst, die Aufgaben sich anhäufen oder sich dein Team vergrößert, macht es Sinn, ein System zu implementieren, das sich jeder aneignen kann und nach dem deine Firma funktioniert. Es heißt Listensystem, weil es verschiedene Bereiche, Personen und Aufgaben gibt, die du nicht alle im Kopf behalten kannst. Stattdessen schreibst du dir sämtliche Dinge, die dir einfallen, sofort auf. Das hat den großen Vorteil, dass du dich tagsüber nicht selbst blockierst, weil du dich permanent an Aufgaben erinnern musst, die du nicht vergessen darfst. Das Buch, was ich hierzu genutzt habe heißt: *Wie ich die Dinge geregelt kriege* von David Allen. Wenn du wenig

Zeit hast, kann ich dir dieses Buch nur ans Herz legen, denn damit verbesserst du dein Selbstmanagement immens.

Als Erstes richtest du dir eine Eingangsliste ein, in die du sämtliche Dinge schreibst, die dir einfallen: Ganz egal, ob es ein Geschäftstermin ist, ein Anruf bei Oma fällig ist oder du heute Abend auf dem Nachhauseweg noch Äpfel kaufen musst. Du schreibst all diese Dinge auf. Als kreativer Kopf und Kapitän deines Feierabend-Startups kannst du es dir nicht erlauben, dich mit irgendwelchen Dingen gedanklich zu blockieren. Du musst funktionieren und die Firma voranbringen. Und genau das verhindern Aufgaben, die dir unerledigt im Kopf herumspuken. Dazu kommt die Gefahr, dass du etwas vergisst. Die zweite Liste, die du benötigst, nennt sich die »Nächste-Schritte-Liste«. Hier legst du alle Aufgaben ab, die du deiner Eingangsliste entnimmst und die nicht innerhalb von zwei Minuten abgearbeitet werden können. Das kann beispielsweise ein Kundenanruf sein, die Erstellung eines Angebots oder das Verfassen einer E-Mail. Arbeite sofort alles ab, was du in unter zwei Minuten erledigen kannst.

Alle Aufgaben, die darüber hinausgehen und mehrere Maßnahmen oder Teilhandlungen beinhalten, sortierst du in eine Projektliste ein. In dieser Liste erfasst du große Projekte wie die Konzeption neuer Produkte, die Erstellung einer Website und so weiter. Oft kommt es vor, dass Leute, mit denen du zusammenarbeitest, nicht sofort reagieren oder du darauf warten musst, dass jemand etwas erledigt. Dazu gibt es eine weitere wichtige Liste. Diese nennt sich »Warten-auf-Liste«. Dort kommen alle Aufgaben hinein, die du delegiert hast, auf die du warten musst, die auf Termin liegen usw. Dank dieser Liste verlierst du nie etwas aus den Augen und siehst genau, wenn jemand eine zugesicherte Frist nicht einhält. Dank dieses Listensystems wirst du bei deinen Kooperationspartnern als jemand wahrgenommen werden, der nie etwas vergisst. Das hinterlässt natürlich Eindruck!

Die oben genannten Listen sind die wichtigsten für dein Feierabend-Startup. Natürlich gibt es noch weitere, zum Beispiel die »Irgendwannmal-Liste«. In diese notierst du deine Ideen, Wünsche und Hobbys, von Spanisch lernen über die Chinesische Mauer besuchen oder endlich einen Fallschirmsprung wagen. Du kannst deine Listen auch mit anderen teilen, um Aufgaben zu verteilen und zu kontrollieren, ob diese erledigt wurden. Als Programm empfehle ich dir todoist, da du hier zu den Aufgaben auch Dokumente, Kommentare, Teilaufgaben und Nachrichten hinzufügen kannst. Andere Programm wie Evernote oder auch das Listenprogramm von Apple funktionieren ebenfalls. Teste einfach, welches Programm dir am besten gefällt.

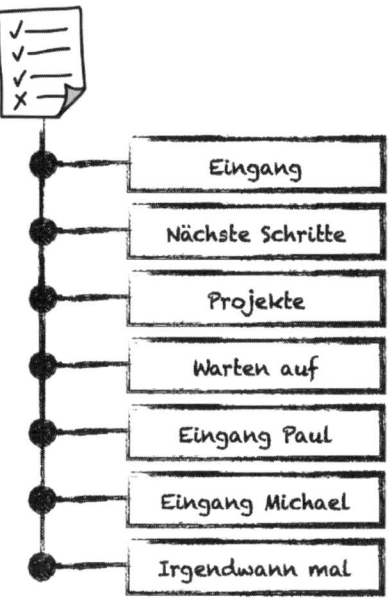

Geschäftskonto und Rechnungen schreiben

Ich empfehle dir, für die Umsätze deines Feierabend-Startups ein Businesskonto zu eröffnen. Fast täglich werden neue Fintech-Startups auf den Markt gespült, oft auch welche, die das herkömmliche Girokonto revolutionieren und ein innovatives Konto schaffen wollen. Die Frage ist, welche Eigenschaften und Leistungen du benötigst und was dein Konto unbedingt können muss. Von bloßen Ein- und Auszahlungen bis hin zum fertigen Onlineshop, dessen Zahlungen im Back-End organisiert werden, gibt es verschiedenste Möglichkeiten. Nicht für jeden passt jedes Konto, denn manche Banken wollen zum Beispiel keine Selbstständigen oder nehmen Abstand von gewissen Berufsgruppen wie beispielsweise Gewerbetreibende. Solltest du bereits negative Eintragungen bei der Schufa haben, solltest du Ausschau nach einem Konto ohne Schufa-Abfrage halten.

Ein weiteres Kriterium sind die Kosten, insbesondere am Anfang. Zwar stürzen zehn oder zwanzig Euro pro Monat niemanden in den finanziellen Ruin, aber dennoch können sich solche kleinen Beträge zu einem beträchtlichen Kostenapparat summieren. Je weniger monatliche Verpflichtungen du hast, desto besser. Warum sparst du dir also nicht einfach die Kontoführungsgebühren? Auch viele der namhaften Banken verlangen relativ viel Geld für ein Geschäftsgirokonto. Wir wussten es anfangs nicht besser und zahlten pro Monat zehn Euro an Kontoführungsgebühr plus 50 Cent je Überweisung. Das nervt nicht nur, sondern ist auch unnötig. Aus diesem Grund ist es so wichtig, dass du dir über deine Anforderungen im Klaren wirst. Willst du einen eCommerce-Shop aufbauen, in dem deine Kunden Produkte kaufen, oder hast du eine spezielle Dienstleistung und wirst per Rechnung bezahlt? Ein weiterer Aspekt, den du bedenken solltest, ist die geschätzte Anzahl der monatlichen Buchungen. Wenn du viel an Software hast, die monatlich abgerechnet wird, oder andere regelmäßige Kosten, scheiden manche Konten aus, da du die maximale Buchungsanzahl überschreiten würdest und erneut Gebühren fällig würden. Zum Glück haben mittlerweile einige Banken erkannt, dass Startups, Gründer und Menschen, die etwas bewegen wollen, eine große und anspruchsvolle Zielgruppe sind. Mit einem Standardkonto und den herkömmlichen Funktionen sind diese nicht mehr hinter dem Ofen hervorzulocken und schon gar nicht, wenn horrende Kontoführungsgebühren bzw. Kosten für normale Bankdienstleistungen anfallen. Wer beispielsweise Überweisungen direkt bei der Bank abgibt, muss bis zu zehn Euro pro Beleg bezahlen. Auch für die Nutzung einer EC- oder Kreditkarte werden oftmals Gebühren fällig. Es lohnt sich, genau hinzuschauen, bevor du ein Businesskonto eröffnest. Die aus meiner Sicht aktuell am empfehlenswertesten Geschäftskonten gibt es von N26, Fidor, Netbank oder Kontist. Da die Bedingungen immer mal wieder wechseln, prüfe die Leistungs- und Kostenbeschreibung und suche dir dann das beste Konto aus.

Eines der innovativsten Geschäftskonten, die es zurzeit auf dem Markt gibt, bietet Holvi. Hier hast du die Möglichkeit, im Back-End deinen gesamten Onlineshop zu erstellen und zu verwalten. Über das Anlegen von Produkten und die Buchhaltung bis hin zum Rechnungsmanagement ist alles darstellbar. Theoretisch brauchst du keine Website und keine Rechnungstools, weil alles in diesem Onlinebanking zusammengefasst ist. In einfachen Tutorials wird alles verständlich erklärt und ist einfach nachzuvollziehen. Wenn du ein anderes Konto nutzen willst und auf das Schreiben von Rechnungen angewiesen bist, gibt es auch hierfür gute Tools. Lexware ist eines der etabliertesten Unternehmen in diesem Bereich und bietet ab 5 Euro pro Monat einfache Rechnungserstellung und Verwaltung an. Darüber hinaus gibt es unzählige weitere Tools wie FastBill, Smoice oder auch Qlik, die alle spezielle Funktionen aufweisen. Wir selbst nutzen FastBill und sind damit äußerst zufrieden. Das reine Rechnungsschreiben können alle Programme. Darüber hinaus sind die Vorzüge der einzelnen Programme individuell. Smoice bietet beispielsweise zusätzlich eine spezielle Zeiterfassung. Wenn du hingegen lediglich drei Rechnungen pro Jahr schreibst, lohnt sich ein solches Programm nicht. In diesem Fall reicht es aus, dass du deine Rechnungen einfach selber mit Excel, Numbers, Word oder Pages erstellst. Achte aber bitte darauf, dass deine Steuernummer und ggf. die Umsatzsteueridentifikationsnummer sowie Rechnungsnummer, Rechnungssteller und -empfänger und die Steuersätze draufstehen. Normalerweise sind auch entsprechende Vorlagen in dem jeweiligen Programm vorhanden, oder du suchst dir eine Rechnung als Beispiel raus, die du bekommen hast.

Logo, Name & Co.

Wenn du mit deinem Feierabend-Startup online voll durchstarten willst, bemerkst du mit Sicherheit schnell, dass du einige wichtige Bilder, Logos, Grafiken und sonstiges Grafikmaterial benötigst. Zwar gibt es hervorragende Dienstleister, die dir dieses Material erstellen – nur geht das ganz schön ins Geld. Ein weiterer Nachteil ist, dass du keine Möglichkeit hast, dein Bildmaterial weiterzuentwickeln, wenn du es in Auftrag gibst. Welche Lösung ist also optimal, um einerseits Kosten einzusparen und andererseits eigenständig agieren zu können?

Am Anfang deines Feierabend-Startups steht die Suche nach dem perfekten Namen. Dies ist in meinen Augen eine der schwierigsten Angelegenheiten, da du diesen nachträglich nur mit großem Aufwand ändern kannst. Leider gibt es für dieses kreative Meisterwerk keine Anleitung. Zwar gibt es im Internet diverse Generatoren, bei denen du Stichworte und Kategorien festlegen kannst, wie sich dein Name zusammensetzen soll. Da die Ergebnisse eher zu wünschen übrig lassen, rate ich dir von der Nutzung ab. Überlege selbst, welche verwandten Wörter, Wortspiele oder fremdsprachige Begriffe es im Zusammenhang mit deiner Idee gibt. Am besten setzt du dich mit ein oder zwei sehr guten Freunden zusammen, und ihr überlegt gemeinsam.

Viele machen den Fehler und verheiraten sich emotional mit dem erstbesten Namen. Wenn dieser dann nicht frei oder die Domain vergeben ist, ist die Enttäuschung groß, und die anstrengende Suche beginnt von Neuem. Ich empfehle dir, eine Liste mit zehn Namen zu erstellen, die dir am besten gefallen. Der Name, der dann noch frei ist, soll es nun werden.

Wenn du deinen Namen gefunden hast, geht es weiter. Ein Logo muss her! Entweder du lässt deine Kreativität spielen, oder du gibst es bei einem der unzähligen Dienstleister in Auftrag, beispielsweise bei 99Designs, Fiverr oder Envato. Täglich kommen neue Anbieter hinzu, die dir Grafikdienstleistungen verkaufen wollen. Die Preise starten bei 5 Dollar oder 5 Euro und steigen je nach Dringlichkeit und Aufwand. Envato bietet darüber hinaus auch andere Produkte wie Plug-ins, Themes, Videos,

Apps und viele mehr an. Schaue dich ruhig mal um, ob du etwas Passendes für dein Feierabend-Startup findest.

Du traust es dir selbst zu, ein Logo zu entwickeln? Es gibt unzählige webbasierte Tools, mit denen du kostenlos Logos erstellen kannst und eine Vielzahl an Entwürfen hast. Auf logomaker.com oder designmantic.com kannst du deinem Unternehmensnamen eine Kategorie zuweisen und dich von dem vorgeschlagenen Logo überraschen lassen. Zwar sind dies nicht die besten Logos, aber für den Anfang können sie durchaus ausreichen.

Wenn du einen Schritt weitergehen und ein professionelles Logo gestalten möchtest, kannst du erneut aus einer Vielzahl an Programmen und Apps auswählen. Ein Beispiel ist Logoist. Hier hast du die Möglichkeit, zwischen unzähligen Schriftarten, Symbolen, Figuren und Zeichnungen auszuwählen und ein Logo zu kreieren. Als Alternative oder auch als Unterstützung kannst du das Programm easel.ly nutzen, in dem es Tausende Grafiken gibt, die regelmäßig überarbeitet und ergänzt werden. Beide Programme sind aber leider nicht kostenlos erhältlich (Logoist 32,99 Euro, easel.ly 4 Dollar monatlich). Wir erstellen damit beispielsweise die Bilder für unsere Blogartikel oder Thumbnails für Videos. Es ist nämlich ein Problem, Bilder zu finden, die frei für die kommerzielle Nutzung sind und auch auf den Social-Media-Kanälen genutzt werden dürfen.

Bevor du Stunden in die Logo-Erstellung investierst, solltest du bedenken, dass du keinen Designpreis gewinnen willst. Eine weitere Gestaltungsweisheit ist, dass weniger mehr ist. Keep it simple! Erfahrungsgemäß entwickelt sich dein Logo mit dem Fortbestehen deines Feierabend-Startups weiter. Wenn wir das Apple-Logo als Beispiel nehmen, wird die Entwicklung klarer. Das allererste Logo zeigte eine Art Kupferstich, auf dem Isaac Newton unter einem Baum saß. Es sollte die Entdeckung der Schwerkraft visualisieren. Aufgrund der Komplexität des Logos wurde es recht schnell wieder verworfen und durch den bloßen Apfel ersetzt. Wir selbst haben mit unserem Logo ebenfalls eine gewisse Entwicklung hinter uns. Auch wenn feierabendstartup.de erst seit 2015 besteht, hat sich das Logo schon mehrfach geändert, wie du hier siehst.

Zu Beginn sind wir noch mit der Diamond Academy gestartet und hatten ein Logo für vier Geschäftsbereiche. Daraus hat sich das Logo von Einfach Startup entwickelt, welches das blaue Quadrat aus dem Diamond Academy Logo aufgenommen hat, denn dieses stand für den Businessbereich. Damals war der Untertitel des Logos noch »Wie gründe ich mein Online Business«. Anschließend entschlossen wir uns, das Logo wieder weiterzuentwickeln, und konzentrierten uns auf eine neue Zielgruppe, nämlich die nebenberuflich Selbstständigen. Diese Entscheidung war eine der wichtigsten überhaupt, denn diese Nische wurde bis zu diesem Zeitpunkt noch durch niemanden derartig stark in den Fokus genommen wie von uns. Die restlichen drei Bereiche der Diamond Academy haben wir übrigens nach sehr kurzer Zeit wieder eingestellt und uns wirklich nur auf einen fokussiert. Wir stellten fest, dass es mit damals noch vier Gesellschaftern sehr schwer ist, vier verschiedene Produkte zu entwickeln. Das letzte Logo haben wir für ca. 90 Dollar bei Fiverr anfertigen lassen und sind damit sehr zufrieden.

Wie du siehst, ist die Logo-Gestaltung ein Prozess, der stetig fortschreitet und sich der Entwicklung deines Feierabend-Startups anpasst. Letztendlich ist es für deinen Erfolg nicht entscheidend, wie dein Logo aussieht. Es sollte zwar zu deinem Unternehmen passen, aber es wird niemand deine Produkte nicht kaufen, nur weil ihm das Logo nicht gefällt. Solltest du darüber nachdenken, dein Logo als Bildmarke schützen zu lassen, erfährst du beim Thema Markenschutz mehr darüber.

Nun geht es weiter mit der Art und Weise, wie du im Internet auftreten möchtest. Überlege dir, welche Art von Darstellung zu dir passt und in welche Richtung du gehen möchtest. Für viele ist YouTube ein geeigneter Kanal, um Bekanntheit zu erlangen. Doch auch hier musst du dir Gedanken machen, welche Videos die richtigen sind und was du überhaupt darstellen kannst. Wir nutzen verschiedene Programme und Formate, um Videos zu erstellen.

Begonnen hat alles mit Videos, in denen wir direkt vor der Kamera standen und von einem Teleprompter ablasen. Dies ist eine Scheibe vor der Kamera, auf der beispielsweise Text von einem iPad gespiegelt wird. Das Endprodukt war furchtbar, weshalb wir relativ schnell zu Bildschirmaufnahmen mit einer Keynote-Präsentation umgeschwenkt haben.

Um das Zuschauererlebnis zu steigern, haben wir die Präsentationen irgendwann mit Prezi gebaut. Dies ist ein ausgezeichnetes Programm, aber relativ zeitintensiv, wenn du ein gutes Ergebnis anstrebst. Ergänzend haben wir Lege- bzw. Erklärvideos dazugenommen, um die Darstellung möglichst abwechslungsreich zu gestalten. Seit einiger Zeit gibt es darauf einen regelrechten Hype. In sogenannten Erklärvideos sind Hände zu sehen, die Grafiken oder Skizzen ins Bild schieben oder aufmalen und diese im Anschluss wieder wegwischen. Diese Videos sind zwar äußerst unterhaltsam, aber kein Allheilmittel. Wenn du regelmäßig Videos erstellen willst und diese auf YouTube postest, empfehle ich dir, eine gewisse Abwechslung und Humor ins Spiel zu bringen. Du kannst nicht erwarten, dass dein fünfzigstes Erklärvideo, das die reinen Informationen wiedergibt, für deine Zuschauer noch immer spannend ist. Gerade bei einem trockenen Thema bietet es sich an, mit kleinen Zwischenschnitten oder kurzen Videos zu arbeiten. Nicht nur deine Fähigkeiten entwickeln sich weiter, sondern selbstverständlich auch die Programme. Bleibe am Ball und versuche, innovativ zu bleiben.

Ein Erklärvideo eignet sich vor allem für erklärungsbedürftige Inhalte. Damit kannst du zum Beispiel ein Produkt auf deiner Homepage erklären oder auf den Social-Media-Kanälen auf dich aufmerksam machen. Aber wie genau erstellst du ein solches Video? Auch hier gibt es zwei

Möglichkeiten: Du gibst es entweder in Auftrag oder erstellst es selbst. Auch in diesem Bereich gibt es unzählige Dienstleister mit zum Teil unverschämten Preisen. Zwar werden solche Videos bei Fiverr schon ab 5 Euro angeboten, allerdings gibt es dort meistens einen Haken. Für ein qualitativ hochwertiges Video zahlst du schnell mal 200 Euro – und das bei einer Länge von 2 bis 3 Minuten! Beauftragst du eine professionelle Agentur, kommen Kosten in Höhe von 5.000 Euro für ein vierminütiges Erklärvideo auf dich zu. Wie viel Budget hast du für deine Videos übrig? Ich empfehle dir, deine Videos selbst zu erstellen, um Geld zu sparen. Du kannst zum Beispiel Programme wie Powtoon, Explaindio, GoAnimate oder auch Sparkol nutzen. Wir nutzten einige Zeit lang Explaindio und zahlten dafür 57 Dollar. Die meisten Programme sind mittlerweile nur noch im Abo erhältlich und mit einer Mindestlaufzeit versehen, was deine Fixkosten wachsen lässt. Vor Kurzem sind wir zu Sparkol umgeschwenkt. Zwar kostet es 20 Euro pro Monat, ist dafür aber monatlich kündbar. Du kannst also beispielsweise Videos auf Vorrat produzieren und danach das Programm wieder kündigen. Überlege dir genau, was das Ziel deines Feierabend-Startups ist, welche Kanäle du bespielen möchtest und welche Videos zu dir passen.

Spare dir Stress und investiere in Sicherheit

Unterschätze nicht die Bedeutung einer gewissen Sicherheit für dein Feierabend-Startup. Leg dir ein Ordnersystem in einem Cloudspeicher deiner Wahl an, damit du nicht auf deine Endgeräte angewiesen bist. Wir nutzen momentan die Google Drive als Firmenlösung mit unbegrenztem Speicher. Im Grunde ist unbegrenzter Speicher unbezahlbar, da deine Endgeräte nicht durch speicherintensive Daten verlangsamt werden. Es gibt verschiedene Anbieter, darunter Box, Dropbox oder der Cloudspeicher von Amazon. Letztendlich ist entscheidend, mit welchem Angebot du am liebsten arbeitest und am besten klarkommst. Speicherlösungen für Unternehmen sind meistens kostenpflichtig. Überlege dir, wie du mit schmalen Kosten die beste Lösung findest. Mir selbst ging es so, bevor wir auf Google Drive umgestiegen sind, dass ich mehrere kostenlose limitierte Accounts bei verschiedenen Cloudanbietern hatte. Die Verwaltung der verschiedenen Accounts war immer nervig und aufwendig. Dieses Problem haben sich einige Entwickler zunutze gemacht und ein Tool entwickelt, das alle gängigen Cloudspeicher zusammenfasst. Programme wie odrive oder Multcloud ermöglichen die Zusammenlegung von Dropbox, Google Drive und Co., sodass du nur einen Ordner auf deinem Computer hast, in dem sämtliche Clouds zu sehen sind.

Wenn du jetzt denkst, das ist unwichtig, weil du entweder keine großen Datenmengen hast oder dein Mac oder PC genügend Speicherplatz bietet, will ich dir von unserem Anfang erzählen. Wir hatten uns 2014 den besten Mac besorgt, den es damals im Laden gab, um damit unsere Videos zu schneiden. Eines morgens kamen wir ins Büro – und er war weg. Es wurde eingebrochen! Zwar waren noch alle Macbooks da, aber uns großer iMac fehlte. Unser Glück war, dass wir sämtliche Daten in der Cloud gespeichert hatten, und unsere Versicherung für den Schaden aufgekommen ist. Somit konnten wir einfach dort weitermachen, wo wir aufgehört hatten.

Du kannst natürlich auch eine externe Festplatte nutzen, aber um zu jeder Zeit von überall aus arbeiten zu können, bietet sich eine Cloudlösung an. Innerhalb der Cloud empfehle ich dir ein alphabetisches Ordnersystem, da damit jeder zurechtkommt. Erstelle für jeden Buchstaben einen Ordner und sortiere darin sämtliche Unterlagen, Produkte, Bilder und was man sonst benötigt. Als Ziel solltest du dir setzen, dass sämtliche Dateien in kürzester Zeit zu finden sind – und dies nicht nur von dir, sondern von jedem, der dich unterstützt. Bei uns funktioniert dieses System hervorragend, und keiner muss ständig nachfragen, wo die Dateien oder Bilder sind. Dieses Prinzip wird auch in dem bereits erwähnten Buch von David Allen beschrieben.

Wenn du mit deinem Feierabend-Startup Fortschritte machst, werden sich mit großer Wahrscheinlichkeit viele Zugänge und Passwörter ansammeln. Ich empfehle dir, diese in einer Datenbank zu sichern und diese in deiner Cloud zu speichern. Zum einen haben alle, die du dazu berechtigst, mit einem Masterpasswort Zugriff auf diese Datenbank, zum anderen vermeidest du Vorfälle, wie sie mir passiert sind. Ich habe früher alle Passwörter in meinem Browser abgespeichert und nie daran gedacht, diese Liste extern zu sichern. Nach einem Update waren alle Passwörter weg. Du kannst dir vorstellen, wie zeitintensiv es war, alle Passwörter zurückzusetzen und neu zu erstellen. Wir nutzen das Tool KeePassX, mit dem du zusätzlich extrem sichere Passwörter erstellen kannst. Vermeide es, überall die gleichen Passwörter zu benutzen. Du musst natürlich in gewisser Hinsicht vorsichtig sein, denn mittlerweile gibt es ja online fast nichts mehr, was nicht gehackt wird. Deshalb überlege genau, welche Zugänge du in deine Datenbank einträgst. Ob du deinen Onlinebankingzugang dort sicherst, würde ich mir sehr gut überlegen.

Schutzrechte – wie sicherst du deine Geschäftsidee?

Solltest du eine Marke eintragen lassen?

Vielleicht ist eine deiner größten Ängste, wenn du mit deinem Feierabend-Startup startest, dass jemand deine Idee gut findet und dein Geschäftsmodell kopiert. Der beste Schutz gegen dieses Szenario ist natürlich, eine Idee oder ein Geschäftsmodell zu haben, das nicht kopierbar ist. Zum Beispiel aufgrund deiner speziellen Fähigkeiten, aufgrund der individuellen Bestandteile des Produkts, die nur du bietest, oder einfach aufgrund deines Wissen, das niemand anderes besitzt. Für die Fälle, in denen dieser »interne« Schutz nicht besteht, gibt es dennoch verschiedene Möglichkeiten, dich und deine Idee rechtlich schützen zu lassen. Doch wie genau kann das aussehen? Wann macht es Sinn, dass du dich beispielsweise als Marke eintragen lässt, ein Patent beantragst oder ein Geschmacksmuster anmeldest? Und was ist eigentlich mit dem Urheberrecht? Wie kannst du deine Idee optimal schützen lassen, und welcher Schutz ist der richtige für dich? Genau das wollen wir uns nachfolgend anschauen.

Als ersten Schutz schauen wir uns das Markenrecht an. Wann genau macht es Sinn, eine Marke einzutragen? Wenn du mit deinem Feierabend-Startup an den Markt gehst und es wächst, können das Logo, der Name deiner Firma oder der eines Produktes durchaus langfristig zu einem Vermögenswert heranwachsen. Damit deine Mitbewerber sich nicht an dir bereichern, indem sie deinen Namen oder dein Logo verwenden, kannst du es schützen lassen. Sollte es dennoch jemanden geben, der es nutzt, kannst du rechtlich dagegen vorgehen. Dein Ziel sollte es sein, dass der Nutzer deines Produktes oder deiner Dienstleistung diese genau dem Produzenten, also dir, zuordnen kann. Das geht anhand einer Marke. Denken wir dabei nur mal an Coca Cola, Apple oder Mercedes-Benz. Alle Marken sind einwandfrei wiedererkennbar anhand ihrer Namen, ihres Logos oder sogar einfach nur anhand der Schrift oder des Schriftzuges.

Bei der Eintragung einer Marke ist es nach § 1 des Markengesetzes möglich, Wörter, Personennamen, Abbildungen, Buchstaben, Zahlen, Hörzeichen, dreidimensionale Gestaltungen einschließlich der Form einer Ware oder ihrer Verpackung sowie sonstige Aufmachungen einschließlich Farben und Farbzusammenstellungen zu schützen, die geeignet sind, Waren oder Dienstleistungen eines Unternehmens von denjenigen anderer Unternehmen zu unterscheiden. In den meisten Fällen wird allerdings lediglich eine Wort- oder Bildmarke eingetragen. Hierbei gilt es ebenfalls zu entscheiden, in welchem Rahmen du diese Marke schützen lassen möchtest. Es gibt verschiedene Geltungsbereiche, von national über europaweit bis hin zu international. Entscheidend ist hierbei, wie du dein Unternehmen aufbauen willst und wie weit dein Bekanntheitsgrad reichen soll. Wenn du beispielsweise online unterwegs bist, kann die nationale Eintragung eventuell nicht ausreichen. Sobald du diese Entscheidung getroffen hast, kann es weitergehen. Die Bildmarke ist immer etwas fraglich, muss ich dazu sagen, denn das Logo deines Feierabend-Startups entwickelt sich genau wie du selbst und das Unternehmen stetig weiter. Sobald du also dein Logo änderst, ist deine geschützte Bildmarke nicht mehr vorhanden. Wir haben selbst bei Keimster nur die Wortmarke eintragen lassen, da gerade am Anfang, wenn das Feierabend-Startup noch frisch ist, viele Neuerungen und große Veränderungen passieren. Deshalb überlege genau, ob es Sinn macht, eine Bildmarke eintragen zu lassen.

Im zweiten Schritt recherchierst du, ob es die Marke, die du eintragen möchtest, bereits in den Ländern gibt, in denen du den Schutz wünschst. Hierzu gibt es das Markenregister, das vom Deutschen Patent- und Markenamt (DPMA) in München geführt wird. Dort bekommst du Auskunft. Auf der Internetseite https://www.dpma.de/marke/recherche/ kannst du online recherchieren, ob deine Wunschmarke bereits besteht.

Hier solltest du allerdings vorsichtig sein, denn für die Recherche bist nur du zuständig. Das DMPA führt keine Prüfung durch, ob es die Marke bereits gibt, sondern nur, ob sie wirklich eingetragen werden kann. Es wird einfach davon ausgegangen, dass du dich eingehend damit beschäftigt hast, und dir wird die Berechtigung, diese Marke eintragen lassen zu können, unterstellt. Wenn dir hier ein Fehler unterläuft, kann es passieren, dass dir eine bereits bestehende Marke die Nutzung deiner Marke untersagt – zumindest, wenn Verwechslungsgefahr besteht. Hier gilt: »Wer zuerst kommt, mahlt zuerst.« Die Marke, die länger besteht, genießt eine höhere Priorität. Zur Recherche kannst du Tools wie beispielsweise Tulex nutzen, was aktuell kostenlos ist. Hier wird auch direkt geprüft, welche Schutzweite bereits bestehende Marken haben und ob es ähnliche Marken gibt. Darüber hinaus werden auch die verschiedenen Klassen angezeigt, in welchen diese Marke bereits eingetragen ist. Sollte bei deiner Recherche dort nichts angezeigt werden, Glückwunsch! Die Wahrscheinlichkeit ist groß, dass die Marke tatsächlich noch frei ist. Dieses Tool ist natürlich kein Garant, denn eine Marke wird dort mit etwas zeitlicher Verzögerung eingetragen. Um eine hundertprozentige Sicherheit zu haben, dass wirklich keine andere Marke mit deinem Namen besteht, solltest du also einen Fachanwalt für Markenrecht um Rat fragen.

Wenn du deine Recherche abgeschlossen hast und weißt, dass deine Marke noch frei ist, geht es mit dem dritten Schritt des Markenschutzes weiter. Beschreibe den Markenschutz so gut wie möglich und passe ihn deinen Bedürfnissen an, damit deine Marke und dein geistiges Eigentum bestmöglich geschützt sind. Klassifiziere deine Idee bzw. dein Produkt so genau wie möglich. Nach der Nizzaer Klassifikation gibt es 45 festgelegte Klassen für Waren und Dienstleistungen. Darin steht auch, wo und wie deine Marke eingetragen werden muss. Die Nizzaer Klassifikation ist ein Abkommen über die Klasseneinteilung und wird von der WIPO, der Weltorganisation für geistiges Eigentum, von mehr als 140 Ländern genutzt.

Mit der Markenklassifikation wird festgelegt, in welchen Bereichen der Dienstleistungen oder Waren du mit deinem Namen, deinem Logo, deinen Zeichen etc. eingetragen und geschützt wirst. In den 45 Klassen sind alle Arten von Waren und Dienstleistungen erfasst, du musst lediglich die für dich passenden identifizieren. Grundsätzlich ist die Anmeldung einer Marke für drei Klassen festgelegt, die Kosten hierbei belaufen sich für die erste Anmeldung auf ca. 300 Euro. Wenn du die Anmeldung online durchführst, sparst du dir zehn Euro. Jede weitere Klasse, die du mit eintragen lassen möchtest, kostet weitere 100 Euro. Du bezahlst somit maximal 4.490 Euro für alle Klassen. Nach zehn Jahren läuft dieser Schutz aus. Willst du ihn verlängern, musst du etwas tiefer in die Tasche greifen und für die ersten drei Klassen 750 Euro bezahlen.

Wählst du als Name einen Alltagsbegriff, kann die Registrierung deiner Marke schwierig werden. Dies war beispielsweise bei »Apple« der Fall. Nur weil die Firma in einer Sparte angesiedelt ist, in der kein Obst zu finden ist, war die Registrierung möglich. Wäre Apple hingegen ein Unternehmen, das mit Obst handelt, wäre der Antrag auf eine Eintragung der Marke mit hoher Wahrscheinlichkeit abgelehnt worden, da dann kein anderer Obsthändler mehr diesen Begriff verwenden dürfte. Wenn du also eine Wortmarke eintragen lassen möchtest und es kein ausgedachter Name ist, solltest du darauf achten, dass dieser nicht im Vokabular deiner gewünschten Kategorie vorkommt.

Im letzten Schritt deiner Markenanmeldung geht es um die formell richtige Beantragung des Schutzes und die Einrichtung beim Markenamt. Wenn keinerlei Bedenken bestehen und deine Marke ohne Verletzung bestehender Markenrechte eingetragen werden kann, erhältst du nach Abschluss der Registrierung deine Markenurkunde. Danach musst du lediglich die dreimonatige Widerspruchsfrist abwarten, und dann darfst du deinem Markennamen das allseits bekannte ®-Zeichen beifügen.

Ein Problem kann entstehen, wenn du eine Marke eingetragen hast und die dazu passende Domain bereits von jemand anderem betrieben wird. Grundsätzlich wurde von der Rechtsprechung festgelegt, dass sich eine Privatperson, die die betroffene Domain besitzt, unterordnen muss. Die Person, deren Name wiederum der Domain entspricht, muss sich einem Unternehmen, das den Namen als eingetragene Marke besitzt, unterordnen. Das Unternehmen hingegen muss sich einer Stadt oder Gemeinde unterordnen, wenn ein solcher Konflikt besteht.

Die grundsätzliche Frage in diesem Zusammenhang ist allerdings, was war zuerst da, die angemeldete Domain oder die eingetragene Marke?

Wenn du die Marke eingetragen hast, bevor die Domain vergeben war, ist die Situation für dich etwas einfacher. Du kannst einen Löschungsantrag nach dem Markengesetz stellen, wenn die Website geschäftlich genutzt wird und Verwechselungsgefahr besteht. Wenn die Domain privat betrieben wird, stehen die Chancen eher schlecht. Zugegeben, wer sich die Domain zu seiner Marke, die er eintragen möchte, nicht direkt mit sichert, solange sie noch frei ist, ist in gewisser Weise selber schuld, wenn es im Nachhinein Schwierigkeiten gibt.

Was in der Praxis deutlich öfter vorkommt: Du legst den Namen deines Feierabend-Startups oder deines Produktes fest, aber die dazugehörige Domain ist bereits vergeben. Nun hast du zwei Möglichkeiten: Entweder du überlegst dir einen neuen Namen, oder du versuchst, die Domain zu bekommen. Der Kampf um die Domain wird in diesem Fall sehr schwierig. Es ist rechtlich nicht möglich, den Betreiber zur Herausgabe der Domain zu verpflichten. Eine mögliche Lösung könnte sein, dem Betreiber die Domain abzukaufen. Allerdings sind die finanziellen Mittel bei deinem Feierabend-Startup wahrscheinlich eher knapp, weshalb diese Lösung meistens ausfällt.

Der Bundesgerichtshof (BGH) hat 2009 entschieden, dass kein Herausgabeanspruch für eine Domain entstehen kann, die bereits vor Eintragung einer Marke existierte. Auch gegen Domaingrabber, Cybersquatter und wie diese Bezeichnungen für Menschen lauten, die sich eine Vielzahl von Domains sichern, um sie später an jemanden zu verkaufen, kannst du nichts unternehmen. Auch wenn die Domain oftmals nur mit einem kleinen Hinweis, dass sie erworben werden kann, versehen ist und ansonsten mit nutzloser Werbung gefüllt ist, sieht der BGH keinen Handlungsbedarf.

Solltest du einen Namen haben und die passende Domain ist bereits besetzt, überlege am besten weiter, um dir Stress und Kosten zu ersparen. Empfehlenswert ist es, wenn du dir im Vorfeld einige Namen überlegst und diese nach und nach recherchierst. Am besten gehst du rational an die Sache heran. Denn gerade, wenn du emotional mit einem Namen

215

verheiratet bist und nicht davon ablassen kannst, kann es schwierig werden. Im Idealfall wählst du einen Namen für dein Feierabend-Startup, bei dem die passende Top-Level-Domain frei ist, also .de, .com, .net oder .org.

Um eine Entscheidung treffen zu können, ob die Eintragung einer Marke für dich infrage kommt, solltest du erst einmal schauen, in welche Kategorie du hineinpasst und ob deine Idee ohne Weiteres kopierbar ist. Die Eintragung der Marke solltest du eher nicht auf eigene Faust vornehmen, sondern dich von einem professionellen Fachanwalt beraten lassen, der sich auf Markenrecht spezialisiert hat. Wir haben es uns zwar selbst angeeignet, aber dabei können auch Fehler passieren, die im Nachhinein dazu führen könne, dass kein Schutz besteht.

Lohnt sich eine Patentanmeldung für dich?

Wenn dein Geschäftsmodell auf einer Erfindung beruht oder auf einer noch nie dagewesenen Verfahrensweise, dann solltest du dir Gedanken über ein Patent machen. Entgegen allen anderen Schutzrechten, die lediglich Endprodukte, konkrete Formen oder Namen schützen, kannst du durch das Patent auch bloße Ideen oder Abläufe und Prozesse sichern. Zum Beispiel hat Apple sich das Aufheben der Tastensperre durch Wischen über den kleinen Schieberegler patentieren lassen. Zugegeben, diese Funktion ist seit dem Betriebsprogramm iOS 7 überholt, und das Patent ist mittlerweile auch vom Gericht aberkannt worden, aber dennoch war darauf ein Patent angemeldet. Grund dafür war, dass Apple den Firmen Samsung und Motorola die Nutzung einer solchen Funktion verbieten wollte und daraufhin auf das Patent hingewiesen hat. Daraus entstand ein Gerichtsstreit, und Motorola und Samsung bekamen den Zuspruch. Im Idealfall sollte es bei dir natürlich nicht soweit kommen. Welche Voraussetzungen musst du also erfüllen, um ein Patent erfolgreich anmelden zu können?

Im § 1 des deutschen Patentgesetzes ist dies klar geregelt. Es heißt dort: Patente werden für Erfindungen auf allen Gebieten der Technik erteilt, sofern sie neu sind, auf einer erfinderischen Tätigkeit beruhen und gewerblich anwendbar sind.

Demnach musst du mit deiner Idee drei Kriterien erfüllen:

- Die Idee muss neu sein.
- Die Idee muss erfinderisch sein.
- Die Idee muss gewerblich nutzbar sein.

Neu bedeutet, dass es diese Erfindung bzw. diese Arbeits- oder Herstellungsart oder was auch immer du erfunden hast, noch nicht gibt und dies auch noch nicht bekannt ist. Das Wichtigste in diesem Zusammenhang ist, dass du deine Idee niemals preisgeben darfst, bevor du mit einem Patentanwalt gesprochen hast. Das Schlimmste, was dir passieren kann, ist, dass du irgendwo über deine Idee sprichst und sie dadurch an die Öffentlichkeit gelangt. Damit würde nämlich die Voraussetzung »neu« nicht mehr erfüllt sein.

Bei dem Kriterium »erfinderisch« gibt es manchmal Abgrenzungsschwierigkeiten bezüglich des Erfindens und der reinen Weiterentwicklung. Als »erfinderisch« ist grundsätzlich gemeint, dass es über eine logische Weiterentwicklung hinausgehen sollte und dass die neu entwickelte Lösung selbst für einen Fachmann nicht naheliegend ist.

Als »gewerblich nutzbar« ist nahezu alles in irgendeiner Art und Weise zu bezeichnen, weshalb es hier selten zu Problemen kommt.

Diese drei Kriterien werden nach erfolgreicher Einreichung der Idee ausgiebig vom Patentamt geprüft. Dies kann auch mal bis zu drei Jahre dauern. Auch wenn dies deine Planung beeinträchtigen kann, ist der Schutz im Nachhinein wenigstens umfänglich.

Geht deine Erfindung aus deiner Tätigkeit als Angestellter hervor, musst du vorsichtig sein. Diese Erfindung wird als Arbeitnehmererfindung bezeichnet. Dabei kollidieren zwei Interessen: zum einen die des Arbeitgebers, dem das Ergebnis deiner Arbeit zusteht, und zum anderen dein Recht auf geistiges Eigentum. Damit hier keine Konflikte entstehen, wurde das Arbeitnehmererfindungsgesetz eingeführt, wonach die Erfindung klar dem Arbeitgeber zugeordnet wird. Der Arbeitnehmer muss allerdings für die Erfindung eine entsprechende Vergütung erhalten. Geregelt ist in dem Gesetz zudem, dass eine Erfindung meldepflichtig ist. Allerdings muss die Erfindung eine Diensterfindung sein, das bedeutet, sie muss entweder während des Arbeitsverhältnisses gemacht worden sein, aus der auszuführenden Tätigkeit des Arbeitnehmers hervorgehen oder zumindest auf den Erfahrungen oder den Arbeiten der Firma beruhen. Anderenfalls ist es eine freie Erfindung.

Kosten

Die Anmeldung eines Patents kostet Geld. Aus diesem Grund solltest du vorher gründlich recherchieren, damit du nicht eine Erfindung patentieren lassen willst, die es bereits gibt. Die Recherche kann entweder vom DPMA übernommen werden oder von dir selbst, um Kosten zu sparen. Zwar ist ein Anwalt für die Beratung nicht zwingend notwendig, aber dennoch empfehlenswert, wenn du eine wirklich wertvolle Erfindung hast. Es gibt leider keine pauschale Kostenübersicht für ein Patent, da von der Anmeldung bis zur Erteilung zu viele unklare Parameter bestehen. Zum einen musst du auch hier beantworten, welchen Schutzbereich du haben willst, beispielsweise in Deutschland, Europa oder darüber hinaus. Zum anderen sind die Laufzeit des Patents sowie die Komplexität der Erfindung und der Prüfung entscheidend. Beispielsweise sind rein technische Erfindungen, deren Funktionsweise auf fünf Seiten detailliert beschrieben werden kann, deutlich günstiger als die Beschreibung eines pharmazeutischen Wirkstoffs, die mehrere Hundert Seiten füllen kann. Weiterhin treibt die Prüfungsdauer die Kosten hoch, denn je mehr Rückfragen das Patentamt hat und je mehr Prüfungsschleifen gemacht werden müssen, desto teurer wird das Ganze. Die reine Onlineanmeldung kostet mit Prüfung und ohne weitere Rückfragen aktuell 390 Euro für Deutschland ca. 4.500 Euro für Europa und 5.000 Euro international. Allerdings nur, wenn du deine Patentbeschreibung selber machst. Wenn du einen Anwalt hinzuziehst und beispielsweise einen internationalen Schutz mit einer komplexen Erringung wünschst, können die Kosten schnell mehr als 100.000 Euro betragen.

Ein bloßes Patent bringt dir vorerst keinerlei Einnahmen. Allerdings hast du durch das Patent eine Monopolstellung. Daraus kannst du entweder selbst Gewinne erzielen, indem du deine Erfindung selbst herstellst und verkaufst – oder du vergibst Lizenzen, die anderen erlauben, dein Patent gegen eine Gebühr zu nutzen. Wenn du beispielsweise eine Idee für ein Arbeitsverfahren hast, kannst du diese an ein Unternehmen verkaufen.

Für den Fall, dass du erst mal klein anfangen willst, Kosten sparen möchtest und schnell an den Start gehen willst, kannst du ein Gebrauchsmuster anmelden, welches auch »kleines Patent« genannt wird. Die Schutzwirkung und die Prüfung sind ähnlich wie beim Patent. Lediglich der Faktor »Neuheit« wird nicht so streng überprüft, du kannst also zum Beispiel deine Idee bereits auf einer Messe präsentiert haben. Allerdings ist die Schutzdauer vorerst auf drei Jahre begrenzt. Danach kannst du sie auf zehn Jahre verlängern. Der Nachteil gegenüber dem Patent ist, dass das Gebrauchsmuster lediglich eintragen wird und das Patent hingegen wirklich einer Prüfung unterzogen wird. Dennoch ist das »kleine Patent« günstiger und mit einer Wartezeit von weniger als einem Jahr schneller zu bekommen.

Unterliegst du mit deinem Feierabend-Startup dem Urheberrecht?

Das Urheberrecht ist uns spätestens seit den unzähligen Abmahnungen, die Musikverlage, Rechtehändler und deren Rechtsanwälte kurz nach der Jahrtausendwende wegen illegaler Downloads versendet haben, relativ präsent. Besonders die Betreiber von Streaming- und Sharing-Plattformen wie WinMX, istreams.to und weitere wurden polizeilich verfolgt. Das Urheberrecht soll Werke der Literatur, der Wissenschaft und der Kunst schützen. Dieser Schutz muss nicht beantragt werden, sondern entsteht automatisch mit Schaffung eines nach dem Gesetz definierten Werkes. Das bedeutet, dass du etwas erschaffen haben musst, das schöpferisch wertvoll ist und daher als schutzwürdige Errungenschaft eingestuft wird. Wichtig hierbei ist, dass deine Schöpfung über das handwerklich durchschnittliche Schaffen und reinen Fleiß hinausgeht. So unterliegt beispielsweise ein Auszubildender zum Designer, der im Rahmen seiner Ausbildung etwas erschafft, mit diesem Werk in den meisten Fällen nicht dem Urheberrecht. Voraussetzung ist eine gewisse Komplexität und Schöpfungshöhe des Werkes.

Jedoch ist sich die Rechtsprechung uneinig, wo genau diese Grenze gezogen wird. Zwar regelt die sogenannte »kleine Münze« die unterste Schutzgrenze des Urheberrechts, jedoch nicht nach klaren Richtlinien. Darunter können zum Beispiel einfache Rezepte oder einfache Tonabfolgen von Werbejingles fallen. Ein Werk, das unterhalb dieser Schutzgrenze liegt, kann demnach von jedermann in beliebiger Weise genutzt werden. Unterschiede bei der Grenze des Schutzes werden auch bei den Werken an sich gemacht, sodass zum Beispiel Musik, Kunst und Literatur jeweils unterschiedliche Grenzen der Schaffungshöhe haben.

Wenn wir beispielsweise das Logo deines Feierabend-Startups nehmen, kann es mit einem Schutz nach dem Urheberrecht schwierig werden. Je simpler dein Logo gestaltet ist und je geringer die geistige Schöpfungshöhe ist, desto unwahrscheinlicher ist der Schutz durch das Urheberrecht. Dies wäre zum Beispiel der Fall, wenn du ein einfaches Symbol verwendest. Des Weiteren stellt sich stets die Frage nach der Herkunft. Wenn du dein Logo bei einem Grafiker in Auftrag gegeben hast, müsstest du dir von ihm sämtliche Nutzungsrechte einholen, bevor du nach dem Urheberrecht gegen einen Verstoß vorgehen kannst.

Für den Fall, dass dein Logo aufgrund der geringen Schöpfungshöhe nicht dem Urheberrecht unterliegt, kannst du dir überlegen, es als Marke eintragen zu lassen, um somit einen Schutz dafür zu bekommen. Einen großen Vorteil hat das Urheberrecht, sobald du diesem mit deinem Werk unterliegst: Du genießt den Schutz, ohne ihn separat anmelden zu müssen. Darüber hinaus gilt dieser Schutz auch noch 70 Jahre nach deinem Tod, was bedeutet, dass deine Kinder und Kindeskinder ebenfalls etwas von deiner Erschaffung haben.

Gegenüber dem Patent ist es beim Urheberrecht nicht gesetzlich geregelt, wem es zusteht, wenn ein Arbeitnehmer für das Unternehmen etwas erschafft. Dies kann gerade bei einer späteren Unternehmensbewertung zu Komplikationen führen, wenn die Urheberrechte von wichtigen Produkten oder Medien nicht beim Unternehmen liegen. Am besten regelst du das über den Arbeitsvertrag, wenn du bei deinem Feierabend-Startup irgendwann Angestellte einstellen solltest.

Ende 2016 wurde vor dem Landgericht Hamburg ein Urteil gesprochen, das allen, die ein Onlinebusiness aufbauen wollen, die Haare zu Berge stehen lässt. Demnach machen sich alle diejenigen Webseitenbetreiber strafbar, die auf eine andere Website verlinken, auf der sich gegen das Urheberrecht verstoßende Inhalte befinden. Witzig und paradox zugleich ist hierbei, dass das Landgericht einen Disclaimer auf der eigenen Website hat, in dem sie keine Verantwortung für externe Links übernehmen. Man hält sich also nicht an das eigene Urteil.

Dennoch ist der erste Gedanke hierbei natürlich, »Das war's jetzt mit dem Internet«, denn wenn einem das sorgenfreie Verlinken unmöglich gemacht wird, wie soll es dann weitergehen? Die Rechtsprechung legt als Argument zugrunde, dass jemand, der gewerblich eine Website betreibt, selbst darüber zu urteilen hat bzw. dies können muss, ob eine Urheberrechtsverletzung auf dieser verlinkten Seite vorhanden ist. Ursprünglich ist dieses Urteil ein weitergeführtes Urteil aus den Niederlanden, in denen ein Webseitenbetreiber eine offensichtliche Urheberrechtsverletzung umgehen wollte, indem er nur auf die Website, die bereits den Verstoß begangen hatte, verlinkte. Demzufolge ist die Rechtsprechung von einem erneuten Vorstoß des Verlinkenden ausgegangen. Das Landgericht Hamburg hingegen hat etwas übertrieben, wenn es um die Nutzung des Internets geht.

Allerdings wird nicht alles so heiß gegessen, wie es gekocht wird. Zum einen gilt diese Sorgfaltspflicht nicht für Privatpersonen. Wenn du also privat bloggst, kannst du nicht verantwortlich gemacht werden. Für dein

Feierabend-Startup hingegen gilt diese Rechtsprechung. Dennoch muss dazu gesagt werden, dass du normalerweise auf keine x-beliebige oder zwielichtige Website verlinken wirst, sondern nur auf seriöse Websites, über die du dich ausreichend informiert hast. Letztendlich gehört dazu auch immer ein Stück weit ein Versäumnis des Verlinkenden, wenn zum Beispiel ein Film, der nächste Woche erst im Kino erscheint, auf einer Website zu streamen ist, liegt der Verstoß natürlich nahe.

Geschmacksmuster oder eingetragenes Design

Das Geschmacksmuster hat nichts mit Nahrungsmitteln oder Geschmack zu tun, sondern regelt den Schutz eines von dir geschaffenen Designs oder Modells in zwei- oder dreidimensionaler Form. Es wird auch als »kleines Urheberrecht« bezeichnet. Seit 2014 wird das Geschmacksmuster als eingetragenes Design bezeichnet. Im Unterschied zum Urheberrecht wird hier auch das durchschnittliche Schaffen geschützt, allerdings ohne die 70 Jahre andauernde Frist nach dem Tode, sondern nur für 25 Jahre ab dem Zeitpunkt der Anmeldung. Dafür kann es allerdings schon für ein handwerklich durchschnittliches Werk beantragt werden, mit der Einschränkung, dass es neu und nicht kopiert sein darf. Eine Prüfung vom DPMA, bei dem du es anmeldest, wird allerdings nicht gemacht. Es wird dir einfach unterstellt, dass dein Design neu ist, bis jemand einen Gegenbeweis vorlegt.

Bezüglich der Neuheit gibt es in diesem Zusammenhang eine Schonfrist, nach der dein Design, das du eintragen möchtest, als neu betrachtet wird, solange seit der Veröffentlichung nicht mehr als zwölf Monate vergangen sind. Allerdings ist es nach Ablauf dieser Frist nicht mehr möglich, dein Design eintragen zu lassen. Auch bei diesem rechtlichen Schutz kannst du zwischen deutschem oder europäischem Schutz wählen. Die Kosten belaufen sich hierbei auf 60 Euro für Deutschland, anzumelden beim DPMA und 350 Euro für die Europäische Union, anzumelden beim Harmonisierungsamt für den Binnenmarkt in Alicante, auch HABM genannt.

Neben dem eingetragenen Design gibt es auch ein nicht eingetragenes Design. Der Unterschied zum eingetragenen Design besteht darin, dass die Beweislast bei dir liegt, wenn du dich auf diesen Schutz berufst. Du musst nachweisen, wann und wo du die erste Veröffentlichung hattest. Aus diesem Grund solltest du dazu einen möglichst öffentlichkeitswirksamen Raum nutzen wie Messen oder Ähnliches. Unklar ist bei dieser Veröffentlichung, ob eine bloße Internetpräsenz ausreichend ist. Die Dauer des Schutzes beträgt lediglich drei Jahre.

Was ist der richtige Schutz für dein Design?

Sollte dein Feierabend-Startup auf kurzlebigen Designs basieren, wie es bei Modetrends der Fall ist, sollte ein nicht eingetragenes Design ausreichend sein. Hierzu solltest du die genaue Veröffentlichung nachweisbar dokumentieren. Bei länger bestehenden Designs solltest du dir dieses eintragen lassen, damit du optimalen Schutz genießt. Insbesondere wenn sich deine Designs weiterentwickeln, kannst du beim DPMA immer wieder neue Designs nachreichen.

Wenn du mit deinem Feierabend-Startup durchstartest und richtig erfolgreich bist, kannst du den Schutz nachträglich erweitern – auf die EU oder sogar international. Solltest du dem Urheberrecht unterliegen, besteht dieses parallel zum eingetragenen Design.

Schutzrechte – wie sicherst du deine Geschäftsidee?

	Marke	Patent	Gebrauchsmuster	Urheberrecht	Geschmacksmuster
Schutz für...	Namen & Logos	technische Erfindungen	technische Erfindungen	Literatur, Wissenschaft, Kunst	Designs & Formen
maximale Dauer des Schutzes	unbegrenzt	20 Jahre	10 Jahren	70 Jahre nach dem Tod	25 Jahre
Dauer der Anmeldung	2 – 6 Monate	1 – 3 Jahre	9 – 13 Monate	keine Anmeldung nötig	2 – 6 Monate
Kosten	gering	hoch	hoch	keine	gering
Schutzbreite	mittel	sehr hoch	sehr hoch	sehr hoch	gering
Marktwirkung	sehr hoch	gering	mittel	hoch	hoch
Wirkung auf Mitbewerber	gering	sehr hoch	hoch	sehr hoch	mittel
Bedeutung für die Idee	langer Schutz für unterscheidungskräftige Zeichen	zuverlässig geprüfter Erfindungsschutz	schneller Erfindungsschutz, weniger Rechtssicherheit	langer effektiver Schutz	effektiver schneller Schutz von Formen, wirksam gegen exakte Kopien

Wie kannst du Abmahnungen vermeiden?

Impressum

Endlich ist es so weit: Du hast die Website für dein Feierabend-Startup fertig! Verständlich, dass du es kaum erwarten kannst, online zu gehen. Ich empfehle dir, dich noch einen Augenblick zu gedulden, bevor du endgültig live gehst. Es gibt nämlich einige rechtliche Vorschriften, an die du dich halten musst, wenn du deine Dienstleistung oder dein Produkt im Internet anbietest. Vielleicht hast du schon mal etwas über Abmahnungen aufgrund eines unzureichenden Impressums oder fehlender Datenschutzhinweise gehört. Oder von Allgemeinen Geschäftsbedingungen, die du im Normalfall einfach wegklickst. Nachfolgend verrate ich dir, welche Infos auf deiner Website stehen sollten, damit du nicht Gefahr läufst, eine kostspielige Abmahnung zu bekommen.

Das Wichtigste auf deiner Website ist das Impressum. Nur dadurch vermeidest du unnötigen Ärger mit Anwälten, die sich auf Abmahnungen spezialisiert haben. Durch das Impressum soll der Nutzer alle nötigen Informationen über den Betreiber der Website bekommen, in diesem Fall über dich. Das Impressum soll transparent machen, wer der Betreiber ist bzw. wer hinter der Website steht, falls es sich um eine juristische Person handelt. Das 2007 beschlossene Telemediengesetz regelt in § 5 die Impressumspflicht.

Ich sehe immer wieder Websites, die überhaupt kein Impressum haben. Das ist sehr leichtsinnig. Es gibt unzählige Anwälte, die nichts anderes machen, als Abmahnungen aufgrund eines fehlenden oder fehlerhaften Impressums zu verschicken. Fakt ist: Ohne Impressum geht es nicht. Es gibt diverse Internetseiten, mit deren Hilfe du ein vernünftiges Impressum generieren kannst: Google einfach nach dem Begriff »Impressum Generator«. Wichtig ist, dass dein Impressum von der Startseite aus zu erreichen ist und nicht irgendwo versteckt ist. Du brauchst nicht nur auf deiner eigenen Website ein Impressum, sondern auch, wenn du über Amazon, eBay oder die Social-Media-Kanäle deine Dienstleistungen oder Produkte bewirbst und vertreibst, da du der verantwortliche Seitenbetreiber für die Seite bist, auch wenn es beispielsweise eine Facebook-Fanpage ist. Gefahren können hierbei allerdings auch entstehen, wenn ein Update des Portals, worauf sich deine Seite befindet, durchgeführt wird, und dadurch das Impressum verschwindet oder nicht mehr lesbar wird. Bleibe also am Ball und kontrolliere regelmäßig deine Seiten.

Datenschutz

Ebenso wichtig ist die Datenschutzerklärung. Im Februar 2016 wurde ein neues Gesetz zum Datenschutz eingeführt. Demnach ist nicht mehr nur jeder Onlineshop oder jede Firmenseite dazu verpflichtet, eine Datenschutzerklärung auf der Website zu haben, sondern auch Personen, die ihre Website privat betreiben. Aus Sicht der Datenschutzbeauftragten fallen nicht nur Angaben wie Name, E-Mail-Adresse oder Anschrift darunter, sondern auch gelikte Posts oder Bilder bei Facebook und die Übermittlung der IP-Adresse. Das bedeutet für dich und dein Feierabend-Startup, dass der Begriff Datenschutz äußerst weit gefasst wurde und du eine solche Datenschutzerklärung auf deiner Seite einbinden solltest. Die Datenschutzerklärung soll dem Nutzer preisgeben, was der Betreiber der Website mit den Daten anstellt. Wenn du beispielsweise mit deinem Feierabend-Startup einen Onlineshop betreibst, solltest du erwähnen, dass du die Daten an das zustellende Logistik-Unternehmen weitergibst oder gegebenenfalls eine Bonitätsprüfung durchführst. Welche Daten genau weiterverwendet werden, muss nicht gesagt werden.

Wie du eine Datenschutzerklärung gestaltest und welche Informationen dort hineingehören, kannst du ganz einfach im Internet finden. Es gibt, genau wie beim Impressum, einschlägige Websites von Anwaltskanzleien, die kostenlos einen Generator zur Verfügung stellen. Ein geeigneter Generator hierfür ist meiner Meinung nach eRecht24. Achte hierbei aber bitte darauf, den Link von eRecht24 mit zu übernehmen, da du das Impressum ansonsten nicht benutzen darfst.

AGB

Nun fehlen nur noch die Allgemeinen Geschäftsbedingungen. Jeder von uns kennt sie, denn gerade in der Onlinewelt sind sie mehr als präsent. Die meisten Leute gehen über die AGBs einfach hinweg, indem sie diese wegklicken. Trotzdem sind sie wichtig für dich. Grundsätzlich sollen durch die AGBs die Vertragsbedingungen konkret und standardisiert vorformuliert werden, um Massenverträge abzuschließen. Es soll vor Vertragsabschluss alles klargestellt werden, damit dein Kunde genau weiß, worauf er sich einlässt. Einzelfälle und individuelle Nebenabreden dürfen hierbei nicht geregelt werden. Die Pflicht, diese Bedingungen anzugeben, wird durch den § 305 des BGB geregelt. Aufgrund der Tatsache, dass die AGBs nur einseitig vorgegeben werden, unterliegen diese einer besonderen Prüfung. Das bedeutet, du verhandelst nicht mit dem Anbieter einer Website über die Bedingungen des Kaufvertrages, wenn du etwas bestellst. Die AGBs unterscheiden sich je nach Verwendungszweck, beispielsweise für eBay, Amazon oder Facebook.

Wenn du mit deinem Feierabend-Startup fehlerhafte AGBs auf deiner Website hast, bedeutet das nicht zwingend, dass der Kaufvertrag unwirksam wird. Anstelle des Vertrages treten dann die gesetzlichen Bestimmungen aus dem § 306 des BGB in Kraft. Dennoch kannst du eine kostenpflichtige Abmahnung erhalten. Um rechtssichere Geschäftsbedingungen zu gewährleisten, gibt es auch hier wieder diverse AGB-Generatoren im Internet. Dort kannst du auswählen, für welchen Zweck du die AGBs nutzen willst. Wichtig ist hierbei zu wissen, dass die Grenzen zwischen unzulässigen und zulässigen AGB-Bestandteilen nicht klar abgesteckt werden können. Wenn du es wirklich haftungssicher haben willst, solltest du auch hier wieder einen Anwalt um Rat fragen.

Widerrufsbelehrung

Sobald du mit deinem Feierabend-Startup einen Onlineshop betreibst, benötigst du zusätzlich zu Impressum und AGBs auch eine Widerrufsbelehrung. Diese wird, genau wie andere rechtliche Vorschriften, regelmäßig angepasst. Die letzte Änderung in 2014 verursachte für viele Shopbetreiber einen hohen Aufwand, da es seit diesem Zeitpunkt keine einheitliche Widerrufsbelehrung für alle Zwecke mehr gibt. Je nachdem, was du anbietest oder verkaufst, gibt es eine Vielzahl an Variationen, was die Widerrufsbelehrung angeht. Wie genau diese für dein Feierabend-Startup aussieht, hängt beispielsweise davon ab, ob du digitale Produkte verkaufst oder physische Waren, ob deine Waren zurückgesendet werden können, Dinge zusammen oder getrennt verschickt werden und vielen anderen Kriterien. Unterm Strich sind durch diese Änderung zwischen 40 und 50 verschiedene Widerrufsbelehrungen entstanden, von denen du die richtige auswählen musst. Letztendlich werden dich auch hier die Generatoren nach den richtigen Informationen fragen, sodass du hier gut aufgestellt sein solltest.

Die nächste Frage ist, wo diese Widerrufsbelehrung zu stehen hat. Ebenfalls 2014 wurde vom Bundesgerichtshof beschlossen, dass eine Widerrufsbelehrung, die einfach auf deiner Website zu finden ist, nicht ausreichend ist, um vor Abmahnungen sicher zu sein. Zudem sind die Widerrufsbelehrungen im Kassenbereich, die deine Kunden mit einem Haken als gelesen markieren, alleine auch ungenügend. Laut aktueller Rechtsprechung muss dein Kunde die Widerrufsbelehrung in unveränderter Textform nach Vertragsschluss erhalten. Das kann beispielsweise per E-Mail sein.

Fazit: Da es sich bei dem Absatz, den du gerade gelesen hast, um keine Beratung handelt, solltest du bei tiefergehenden Fragen einen professionellen Fachanwalt zu Rate ziehen. Nur dann kannst du dir auch sicher sein, dass du optimal geschützt bist, sei es für die Markeneintragung, die Patentbeantragung oder sonstige Schutzrechte. Voraussetzung dafür ist natürlich, dass du über genügend finanzielle Ressourcen verfügst. Die Alternative dazu ist, dich mit hohem Zeitaufwand in die Themen einzuarbeiten und alles selbst zu machen. Es ist natürlich fraglich, ob du dann rechtlich ausreichend geschützt bist.

Weiterhin ist es wichtig, immer am Ball zu bleiben, denn die Rechtsprechung entwickelt sich natürlich auch weiter, und Gesetze werden neu beschlossen, verändert oder auch wieder abgeschafft, siehe das Urteil mit der Linkhaftung. Deshalb empfehle ich dir, regelmäßig zu schauen, welche rechtlichen Neuerungen dich betreffen, oder dich einmal jährlich mit deinem Fachanwalt auszutauschen.

Mindset & Mentale Stärke

Auf der Reise zum eigenen Mittelpunkt

Ich habe das Thema Mindset bewusst ans Ende des Buches gesetzt. Am Anfang deines Feierabend-Startups steht eine Idee oder die Lösung eines Problems. Warum also nicht sofort loslegen und richtig durchstarten? Grundsätzlich ist das eine gute Entscheidung, vorausgesetzt, du hast vorher einen Eigencheck durchgeführt. Dabei hinterfragst du bewusst, ob deine Geschäftsidee oder dein Geschäftskonzept überhaupt zu dir passen. Genau darum geht es in diesem Kapitel. Es soll dich bei deinen Überlegungen unterstützen, welchen größtmöglichen Nutzen deine Idee für die Menschen haben kann und ob sich daraus, aus heutiger Sicht, ein stimmiges Bild für dich ergibt. Hast du, sprichwörtlich gesagt, Lust darauf, sofort loszulegen, pausenlos daran zu arbeiten und vergisst sogar dabei zu schlafen, dann bist du von deiner Idee beseelt und hast die notwendige Power, dein Feierabend-Startup zum Erfolg zu führen.

> »Wenn Sie einmal erkannt haben, wofür Ihr Leben da ist, gibt es keine Möglichkeit, dieses Wissen zu löschen. Ganz gleich, wie viel Angst Sie haben, Sie haben keine Wahl mehr. Wenn Sie versuchen, aus Ihrem Leben etwas anderes zu machen, werden Sie immer das Gefühl haben, dass Ihnen etwas fehlt.«
>
> *James Redfield*

Zunächst ist es Zeit, in sich zu gehen. Versuche, dich selbst besser zu verstehen, und werde dir darüber klar, dass viele Dinge im Unbewussten ablaufen. Oder weißt du bereits konkret, was dich dazu bewogen hat, ein Feierabend-Startup zu gründen? Ich sage immer wieder, dass es keine bessere Möglichkeit gibt, seine Persönlichkeit zu entwickeln, als ein Unternehmen zu gründen. Du lernst dich selbst besser kennen, weil du schwierige Situationen alleine meistern musst und niemand da ist, der dir Entscheidungen abnimmt. Du bist für dein Feierabend-Startup verantwortlich.

Warum war und ist Apple noch heute innovativ? Weil Steve Jobs und Steve Wozniak innovativ waren. Das Unternehmen verkörpert ihren Charakter und wurde durch sie geprägt. Die Arbeit am eigenen Charakter ist der beste Weg, ein Unternehmen voranzubringen.

> »Die beste Methode, die Zukunft vorherzusagen, besteht darin, sie zu erfinden«
> *Alan Curtis Kay*

Steve Jobs war ein Verehrer von Alan Curtis Kay, der im Xerox Parc arbeitete. Dort wurde die grafische Benutzeroberfläche entwickelt, die Apple nutzte und die den Macintosh weltberühmt machte. Alan Kay war der Meinung, dass erfolgreiche Unternehmen an der Schnittstelle von Kunst und Technologie entstehen. Steve Jobs hat gesagt, dass er die Zukunft des Personal Computers das erste Mal direkt vor seinen Augen sehen konnte, als er im Xerox Parc das erste Mal eine grafische Benutzeroberfläche sah. Mich inspiriert es noch heute, wie Steve Jobs sich für seine Produkte begeisterte. Ich habe dieses Buch an einem Mac geschrieben und zum hundertsten Mal festgestellt, dass alles funktioniert, aufeinander abgestimmt und ansprechend gestaltet ist. Mike Markkula, Erstinvestor von Apple und langjähriges Mitglied im Board, hat zu Steve Jobs gesagt, dass ein Unternehmen nicht aufgebaut werden sollte, um Profite zu erzielen, sondern um Produkte herzustellen, an die man als Unternehmer selbst glaubt.

Die größte Motivation der Entwickler des iPhones war es, dass sie selber ein tolles Handy haben wollten. Stell dir nur vor, wie schön das Leben sein könnte, wenn du ein Produkt herstellst, für das du dich wirklich begeisterst und hinter dem du zu 100 Prozent stehst? Eine Aufgabe zu haben, für die du morgens 10 Minuten vor dem Wecker aufstehst, weil du dich so richtig auf den Tag freust? Wann hattest du das letzte Mal dieses Gefühl? Ich wünsche es dir von Herzen. Aber wie findest du heraus, was dich glücklich macht? Wie kannst du diese innere Motivation erschaffen und ein stimmiges Gefühl erzeugen? Wir sind heutzutage Meister darin, uns abzulenken. Morgens in aller Eile ein Brötchen verschlingen, während du zum Bus sprintest oder dich über den morgendlichen Stau aufregst, dann zur Arbeit, wo sich bereits bergeweise Aufgaben türmen, die erledigt werden müssen. Jeder Tag ist durchgetaktet, und im Nu ist die ganze Woche vorbei. Und auch am Wochenende kommen viele nicht zur Ruhe, sondern verfallen in Freizeitstress, um sich abzulenken. Willst du im Alter von 70 Jahren sagen, du warst gut darin, dich abzulenken und immer »abgesichert« zu leben? Bevorzugst du ein sicheres Einkommen, regelmäßige Beförderungen und eine scheinbar sichere Rente? Gibst du dich mit Mittelmäßigkeit zufrieden, oder erweckst du den Abenteurer in dir? Aufzuwachen heißt zuzuhören – vor allem dir selbst.

Oftmals entsteht ein Feierabend-Startup aus einem erkannten Problem, für das es keine oder nur eine dürftige Lösung gibt. Jetzt ist dein Handeln gefragt. Irgendetwas in deiner Umgebung hat eine erste Idee ausgelöst, du weißt aber nicht so richtig, woher der Einfall eigentlich gekommen ist? Aus deinem Unterbewusstsein, deiner Intuition. Gerade in Westeuropa haben wir eine gewisse anerzogene Rationalität, die als große Errungenschaft gilt und unseren Wohlstand tatsächlich vermehrt hat. Wie immer gibt es aber auch eine andere wichtige Seite: deine innere Stimme. Wirklich glücklich und erfüllt wirst du nur leben, wenn du deinem Herzen zuhörst und deinem Gefühl folgst.

Am Anfang steht die Vision. Sie ist das Fundament deines Feierabend-Startups und der Antrieb von Gründern, die Welt ein Stück besser zu machen. Der Begriff Vision klingt für dich zu esoterisch? Lass dich davon nicht abschrecken. Wir werden uns später ein paar Mission-Statements von erfolgreichen Unternehmen ansehen. Immer wieder entdecke ich bei Gründern zwei Probleme:

Du bist auf der Suche nach der perfekten Vision.

Bist du Perfektionist, wirst du so lange grübeln, bis dir der perfekte

Satz für deine Vision einfällt. Nach zahllosen Tagen, an denen du dir den Kopf zerbrochen hast, aus Zeitschriften Inspirationen gesammelt und einen Ordner an Ideen gefüllt hast, gibst du höchstwahrscheinlich erschöpft auf.

Das Problem, das du lösen willst, passt nicht zu dir.

Irgendwann wirst du aufwachen und feststellen, dass sich dein Leben nicht mehr stimmig anfühlt. Es kann sein, dass du dich erschreckt fragst, was du all die Wochen, Monate oder gar Jahre eigentlich gemacht hast. Nur wenn deine Idee und dein Geschäftskonzept zu 100 Prozent zu dir passen, wirst du genügend Motivation und Energie haben, um dein Feierabend-Startup erfolgreich zu machen. Ansonsten kommen mittelmäßige Produkte heraus, die der Markt wahrscheinlich nicht annehmen wird.

Was ist nun der richtige Weg? Leider habe ich keine Universal-Antwort parat. Dein Konzept muss sich für dich stimmig anfühlen. Wenn du so richtig begeistert davon bist, dann bist du auf dem richtigen Weg. Noch schwieriger wird es, wenn du im Team gründest. Hier ist die Gefahr besonders groß, dass du Kompromisse eingehst. Wenn du mit dem gemeinsamen Nenner haderst, ist die Motivation schneller weg, als du bis drei zählen kannst. Beginne mit einer ersten Vision, die du nur für dich selbst entwickelst und nach und nach verbesserst. Unternehmen werden nicht innerhalb von Sekunden erschaffen und dann nie wieder verändert. Dein Bild wird immer klarer werden, wenn du erst mal den ersten Schritt gegangen bist und eine Vision visualisiert hast. Mach dir Notizen oder Skizzen, um diese fortlaufend zu entwickeln, bringe es zu Papier.

Vertraue dem Prozess. Das funktioniert allerdings nur, wenn deine Idee wirklich stimmig ist. Wir fahren alle drei Monate an einen Ort außerhalb von Hamburg und nehmen uns die Zeit, AM und nicht IM Unternehmen zu arbeiten. An diesen »Vision-Power-Weekends« hinterfragen wir, ob sich unser Weg weiterhin für alle gut anfühlt oder ob wir etwas ändern wollen. Glauben wir noch an unsere Vision? Haben wir noch immer die gleiche Mission? Gehen unsere Ziele noch immer in die richtige Richtung? Alle großen Richtungswechsel haben sich während dieser Wochenenden ergeben. Ich empfehle dir, dafür feste Termine einzuplanen.

Jetzt aber die versprochenen Mission-Statements:

1. Entwickle deine Vision

Wenn du in die Zukunft schaust, wirst du merken, ob das Bild, das du entwickelst, wirklich stimmig ist. Es ist wichtig, auf sein Gefühl zu achten. Fühl dich frei, du darfst dir alles aus dem großen Katalog der Wünsche bestellen. Wie würde eine optimale Zukunft mit der Idee für dich und alle um dich herum aussehen?

> »Our [Amazon's] vision is to be earth's most customer centric company; to build a place where people can come to find and discover anything they might want to buy online.« *Quelle: Amazon.com*

> »A personal computer in every home running Microsoft software.«
> *Quelle: Microsoft*

> »Stell Dir eine Welt vor, in der jeder einzelne Mensch freien Anteil an der Gesamtheit des Wissens hat.« *Quelle: Wikipedia*

> »To create a better everyday life for the many people.«
> *Quelle: Ikea*

> »Jedem Menschen die Möglichkeit geben, sich durch sein eigenes Unternehmen selbst auszudrücken, die Welt zu verbessern und sein Potenzial zu entfalten.« *Unsere Vision bei Einfach Startup*

2. Leite aus der Vision eine Mission ab

Die Mission ist dein Hauptauftrag und erfordert deinen ganzen Fokus. Stell dir vor, du hast einen vollgestellten Dachboden, den du leerräumen musst. Dann ist dies deine Mission. Sie ist nicht eher erfüllt, bis der Dachboden leer ist. Bei deinem Feierabend-Startup ist es genauso.

»Facebook's mission is to give people the power to share and make the world more open and connected.«   *Quelle: Facebook*

»YouTube's mission is to provide fast and easy video access and the ability to share videos frequently.«   *Quelle: YouTube*

»Werkzeuge entwickeln, mit denen die Gründung einfacher, schneller und erfolgreicher wird. Dabei sollen sowohl die Werkzeuge als auch das Wissen für jeden Menschen erschwinglich sein.«
Unsere Mission bei Einfach Startup

3. Konkrete Maßnahmen, wie du deine Mission umsetzen kannst

Jeder Mensch kann einen Feierabend-Startup gründen, ohne hohe Risiken eingehen zu müssen. Mit den neusten Technologien wie eLearning und skalierbaren Produkten ist es möglich, den Gründer kostengünstig mit dem notwendigen Know-how auszustatten.
Umgesetzte Maßnahmen von unserer Seite bis heute:

- Drei Onlinekurse bei Udemy: DigiStart, nebenberuflich zum eigenen Unternehmen. Alle Kurse kosten einen Betrag im niedrigen zweistelligen Bereich.
- Der Blog feierabendstartup.de – Ich blogge regelmäßig über Themen rund um den selbstständigen Nebenerwerb.

❏ Youtube-Kanal, auf dem wir jede Woche ein neues Video zu den wichtigsten Fragestellungen zum Thema »Gründen neben dem Job« posten.
❏ Das Buch, das du gerade in den Händen hältst :)

Hilfsmittel unterstützen dich beim Entwickeln deiner Kreativität. Skizziere auf dem Whiteboard oder Flipchart, pinne Moderationskarten an eine Korktafel oder arbeite mit simplen Haftnotizen. Diskutiere die einzelnen Punkte mit verschiedenen Personen wie Kunden, Künstlern oder anderen Unternehmern. Die verschiedenen Kreativtechniken unterstützen dich dabei, dein Geschäftsmodell zu überdenken und verschiedene Sichtweisen zu diskutieren. Wir haben immer mit einer Flipchart und Haftnotizen oder einem Whiteboard gearbeitet. Vielleicht fällt dir das schwer, weil du Angst davor hast, dass dir jemand deine Geschäftsidee klaut. Doch selbst wenn, ist es nicht mehr als eine gestohlene Idee. Die für den Erfolg essenzielle Stimmigkeit hast nur du. Andere Personen werden nie die Leidenschaft und die Energie entwickeln, die du für dein Projekt hast. Also hab keine Angst!

Nicht jeder Mensch ist als Feedbackgeber geeignet. Oft sagt das Feedback mehr über den Feedbackgeber aus, als über denjenigen, der das Feedback erhält. Wenn du jemanden fragst, der mit seiner Geschäftsidee Privatinsolvenz anmelden musste, wird er möglicherweise Angst davor haben, ein weiteres Mal zu gründen. Diese Angst ist ansteckend und kann im Feedback auf dich übertragen werden. Wenn du dieses Mindset annimmst, kann es passieren, dass durch die selbsterfüllende Prophezeiung auch dein Feierabend-Startup scheitert.

> »Die Definition des Wahnsinns ist, immer dasselbe zu tun und ein anderes Ergebnis zu erwarten.« *Albert Einstein*

Dazu ein Beispiel: Du willst dir morgen ein rotes Auto kaufen. Bisher hast du nur wenige rote Autos wahrgenommen, aber ab heute begegnen sie dir überall. Warum ist das so? Es ist die selektive Wahrnehmung. Dein Unterbewusstsein nimmt die komplette Realität wahr, dein Bewusstsein jedoch nur einen kleinen Teil davon. Mit emotional aufgeladenen Gedanken teilst du deinem Unterbewusstsein mit, auf was es achten soll. Gibst du ihm Versagensängste und Horrorszenarien vor, wirst du diese auch irgendwo finden. Du kannst keine zwei Gedanken gleichzeitig denken. Wenn du dich mit dem Scheitern beschäftigst, wirst du nicht gleichzeitig neue Marketingstrategien erfinden können.

> »Sage mir, mit wem du umgehst, so sage ich dir, wer du bist; weiß ich, womit du dich beschäftigst, so weiß ich, was aus dir werden kann.«
> *Johann Wolfgang von Goethe*

> »Wer nicht damit beschäftigt ist, geboren zu werden, der ist damit beschäftigt, zu sterben.«
> *Bob Dylan*

Umgebe dich so oft wie möglich mit Menschen, die ein positives Mindset haben. Selektiv nimmst du nämlich wahr, was die anderen machen und nimmst diese Energie unbewusst an. Deswegen kannst du deinen Horizont wesentlich erweitern, indem du deine Zeit mit Menschen verbringst, die wie du die Welt verändern wollen.

Das Mastermind-Prinzip

> »Die größte Entscheidung deines Lebens liegt darin, dass du dein Leben ändern kannst, indem du deine Geisteshaltung änderst.«
> *Albert Schweitzer*

Kein einzelner Mensch kann so viel Macht entwickeln wie ein harmonisch zusammenwirkendes Team. Mit Macht meine ich das »strukturierte, organisierte und gezielte Wissen eines Teams«, das Napoleon Hill in seinem Buch *Denke nach und werde reich* definiert. Darin beschreibt er den Mehrwert eines Erfolgsteams als Mastermind-Prinzip.

Wie stellst du deine Masterminds erfolgreich zusammen? Gerade wenn du dein Feierabend-Startup alleine aufziehst, ist es extrem wichtig, dass du auf Mentoren, Sparringspartner und Ratgeber zurückgreifen kannst. Diese verhelfen dir zu neuen Sichtweisen auf Probleme und Geschäftsideen. Sie können dir über schwierige Situationen hinweghelfen oder Türen öffnen, die dir sonst verschlossen blieben.

Zwischen den Masterminds sollte absolute Harmonie herrschen. Leider kann schon das kleinste Sandkorn im Getriebe diese notwendige Harmonie zerstören. Ich habe etwa fünf Personen in meiner Mastermind-Gruppe – zwei davon sind Michael und Paul, meine Mitgründer. Auch bei der Zusammenstellung deines Erfolgsteams zählt das Prinzip »Klasse statt Masse«. Es können beispielsweise Referenten sein, die du auf Veranstaltungen kennenlernst oder andere Selbstständige, die du im Coworking Space triffst.

Wichtig ist, dass ihr euch in regelmäßigen Abständen trefft. Das dahinterstehende Erfolgsgeheimnis ist, dass die Energie aus 1 + 1 = 3 ergibt und etwas Neues mit einem höheren Wert geschaffen wird. Oft fällt in diesem Zusammenhang das Wort Synergie. Es wird viel mehr Energie generiert, als wenn jeder für sich arbeiten würde.

Viele Unternehmer nehmen sich fälschlicherweise den Steuerberater mit ins Team. Diese beschäftigen sich jedoch vornehmlich mit der Vergangenheit. Natürlich gibt es auch in dieser Berufsgruppe kreative und visionäre Menschen. Grundsätzlich solltest du diese Dienstleister aber eher für die Interpretation der Ergebnisse nutzen und nicht für die strategische Ausrichtung deines Unternehmens.

Mein Fazit: Egal ob du im Team oder alleine startest, ein Brain-Trust (Expertengremium) ist enorm wichtig.

Mindset & Mentale Stärke

Dein Feierabend-Startup als One-Hit-Wonder?

Möchtest du mit deinem Feierabend-Startup langfristig erfolgreich sein oder möchtest du es einfach mal ausprobieren? Mir persönlich war es schon bei meiner ersten Gründung sehr wichtig, kein One-Hit-Wonder zu sein. Ich habe mich ständig gefragt, wie ich langfristig Erfolg haben kann. Um es auf den Punkt zu bringen: Du bist das Unternehmen! Wenn ich dich fragen würde, was du brauchst, um ein erfolgreiches Unternehmen aufzubauen, würden dir wahrscheinlich viele Charaktereigenschaften wie Zielstrebigkeit, Belastbarkeit, Selbstbewusstsein, Ausdauer usw. einfallen. Kommt also nur ein kleiner Teil der Bevölkerung für eine Gründung infrage? Meine feste Überzeugung ist, dass jeder erfolgreicher Gründer oder Unternehmer sein kann. Denn diese Eigenschaften sind weder angeboren, noch Kindern wohlhabender Unternehmerfamilien vorbehalten. Vielmehr entwickelst du sie, sobald du deinen Traum vom Feierabend-Startup verwirklichst und ausdauernd und motiviert verfolgst.

Als ich mich mit 19 Jahren selbstständig gemacht habe, war ich voller Zweifel und finanzieller Ängste. Aber ich habe den Kampf mit meinen Sorgen und Zweifeln aufgenommen. Dadurch wurde Energie freigesetzt, die ich genutzt habe, um mich zu verändern. Meine Mutter war alleinerziehend und verfügte über keinerlei finanzielle Mittel. Auch sonst fand sich in meiner Familie niemand, der einen 19-jährigen Unternehmer bei seinem Vorhaben unterstützen wollte. Aber wo ein Wille ist, ist auch ein Weg. Ich hielt meinem Umfeld durch mein Verhalten einen Spiegel vor, der ihnen sagte: Schaut her! Auch ohne viel Geld und Lebenserfahrung ist es möglich, sich selbstständig machen. Es gibt ein Phänomen, das ich immer wieder beobachten konnte. Damals wollte ich mit dem Rauchen aufhören und schnorrte mir von Zeit zu Zeit dennoch Zigaretten. Zumindest so lange, bis ich keine mehr bekommen habe. Als ich dann aber aufgehört hatte, wurden mir plötzlich wieder welche angeboten. Warum passiert das? Wenn du dich als Mensch veränderst, veränderst du damit alles. Indem du etwas tust, von dem alle sagen, dass es nicht geht, zeigst du allen, dass sie unrecht haben. Die alte Realität mit ihren Regeln und Grenzen hat keinen Bestand mehr. Veränderungen machen vielen Menschen aber grundsätzlich Angst, weil sie die Komfortzone verlassen müssen. Getreu dem Motto: »Alle sagten, dass es nicht geht. Dann kam einer, der wusste das nicht, und hat's einfach gemacht.«

Wer dazu noch eine motivierende Story lesen will, sollte einfach bei Google »Cliff Young« eingeben und dessen Geschichte genießen.

Nehmen wir an, ein Freund von dir ist schon lange unzufrieden in seinem Job, traut sich aber nicht, etwas zu verändern, indem er sich beispielsweise selbstständig macht. Als Grund hierfür werden Argumente aufgeführt, wie dass er ja schon über 30 Jahre alt sei, Kredite am Laufen habe und seine Freundin das zweite Kind erwarte. Menschen benutzen Ausreden, um sich das Bewährte zu erhalten. Nehmen wir an, du bist in der gleichen Situation, triffst aber die Entscheidung, dich selbstständig zu machen. Was passiert? Entweder sagt dein Freund, der Bewahrer, dass du es als Gründer sowieso nicht schaffen wirst. Vielleicht wird er gegen deine Entscheidung argumentieren, um es selbst nicht ausprobieren zu müssen. Oder er gesteht sich ein, dass alles möglich ist. Bereite dich darauf vor, dass du auf Menschen treffen wirst, die dir aus »Selbstschutz« von einer Selbstständigkeit abraten werden. Meistens sind sie selbst nicht mutig genug, den Weg zu beschreiten, den du jetzt gehen wirst. Du darfst es nicht persönlich nehmen, denn es geht im Grunde genommen ja nicht um dich – sondern um die anderen. Das echte Leben findet immer außerhalb der Komfortzone statt! Nur wenn du neue Wege beschreitest, kannst du deine Persönlichkeit weiterentwickeln.

Ausdauer

Ich kenne niemanden, der gescheitert ist – aber viele, die zu früh aufgegeben haben. Ausdauer ist eine der wichtigsten Eigenschaften, um dein Feierabend-Startup zum Erfolg zu führen. Wenn du beharrlich an dir und deinen Zielen arbeitest, wirst du früher oder später erfolgreich sein. Deswegen ist es wichtig, dass du nicht bei der ersten Niederlage die

Flinte ins Korn wirfst. Überhaupt bin ich dafür, anstelle von Niederlagen lieber von Lernpunkten zu reden. Erfolg ist eine Überwindungsprämie. Immer sind es schwierige Situationen, die der Ausgangspunkt größerer Veränderungen sind. Meistens bilden solche die Grundlage deines Erfolgs. Angenommen, du willst im Sommer deinen Traumkörper haben. Voller Motivation beginnst du mit dem Training und bekommst tierischen Muskelkater. Ist das für dich ein Grund, aufzuhören? Ich denke nicht! Wenn du realistisch bist, wirst du dir darüber im Klaren sein, dass sich erst nach einigen Monaten die richtigen Ergebnisse einstellen werden. Nur wenn du dran bleibst und die Dinge kontinuierlich und nachhaltig umsetzt, wirst du die Früchte deines Erfolgs ernten können.

Vollgas voraus!

Ich meine damit nicht, dass du mit deinem Feierabend-Startup so schnell wie möglich zum Unternehmer in Vollzeit wechseln sollst. Vielmehr liegt mir am Herzen, dass du 100 Prozent gibst, sobald du Zeit in deinen Nebenerwerb investierst. Du kannst es mit dem Training vergleichen. Bestimmt kennst du Menschen, die auf dem Ergometer sitzen und dabei entspannt ein Buch lesen. Und dann wiederum gibt es welche, die schwitzend und schnaufend voller Power in die Pedale treten. Was meinst du, welcher der beiden schneller Erfolge erzielen wird? Es kostet dich enorm viel Zeit und am Ende Motivation, wenn du dich nicht mit Herzblut in dein Feierabend-Startup stürzt. Nutze die Anfangsmotivation und starte richtig durch! Beim Gründen deines Unternehmens ist rein gar nichts da, du startest sozusagen bei null. In sämtlichen Bereichen sind nun deine Arbeitskraft und dein Einsatz gefordert. Mir kommt das Bild eines Flugzeugs in den Kopf, das kurz vor dem Abheben ist. Wenn du einen Jumbojet in die Luft bringen willst und das »Ready for takeoff« vom Tower bekommst, wie viel Schub musst du dann als Pilot geben? Vollschub, alle Regler hoch, sozusagen volle Power, ein bisschen Vollgas gibt es nicht! Erst wenn du auf Flughöhe bist, kannst du die Geschwindigkeit rausnehmen. Wichtig ist, dass dein Feierabend-Startup ein durchdachtes, modularisiertes Geschäftskonzept hat. Im besten Fall hast du dabei Komponenten an professionelle Dienstleister ausgelagert. Sortiere »zweitklassige« Anbieter sofort aus. Auch beim Outsourcing ist es wichtig, Partner zu wählen, die 100 Prozent geben. Gerade mit der beschränkten Zeit, die dein Hauptberuf mit sich bringt, ist es wichtig, dass die Dienstleister mit dir an einem Strang ziehen, für ihre Sache brennen und alles geben.

Warum dich die Universität nicht auf dein Feierabend-Startup vorbereitet

Ich erinnere mich noch wie gestern daran, als ich zum ersten Mal die Universität betrat: überfüllte Hörsäle, Heerscharen an Erstsemestern und einige Studenten, die aus Platzmangel auf dem Boden sitzen mussten. Dann waren da noch sogenannte Kleingruppen von 50 Personen, die sich an Multiple-Choice-Tests versucht haben. Dabei kam es darauf an, die Wörter richtig zu lesen und darauf zu achten, ob ein »immer«, »keine« oder »niemals« im Satz vorkam. Aber warum bin ich überhaupt zur Uni gegangen? Ich war in alten Mustern gefangen. Parallel zu meiner Selbstständigkeit schrieb ich mich damals als »Back-up« an der Uni ein. Damals dachte ich, dass ich mit einem Studienabschluss in der Tasche etwas »Sicheres« hätte, falls es mit meinem Business nichts werden sollte.

Später wurde mir bewusst, dass ich durch dieses Denken einer sich selbsterfüllenden Prophezeiung unterlag: Indem ich mich nicht voll und ganz auf meine Selbstständigkeit konzentrierte, schaffte ich es auch nicht und würde dann den »sicheren« Job brauchen, auf den mich das Studium vorbereiten sollte. Viele Menschen erliegen dem Glauben, dass beispielsweise ein BWL-Studium auch auf das Gründen vorbereitet. Das ist leider ein großer Irrtum – denn »Business Administration« ist dafür ausgelegt, Unternehmen zu verwalten und Prozesse zu optimieren und nicht darauf, neue Geschäftsideen hervorzubringen. Doch genau darin unterscheiden sich Business Administration und Entrepreneurship.

In der Zeit nach dem Zweiten Weltkrieg hatten wir weltweit eine angebotsseitige Wirtschaft. Alles, was produziert wurde, fand auch einen Absatz. Um eine Firma zu gründen, brauchte man Kapital und Produktionsmittel wie Fabriken. Nur wenigen war es vergönnt, diese Mittel zu erhalten oder gar zu besitzen. Die Marktzugänge wurden durch den Einzel- und den Großhandel kontrolliert. Dort wurde entschieden, an wen verkauft wurde und an wen nicht. Auf dieses System wurden die Schulen und Universitäten ausgerichtet. Deren Sinn ist es nämlich, für Großunternehmen und Konzerne Arbeitskräfte aufzubauen. Kreativen Köpfen bleiben meist nur Studiengänge wie Kunst oder Philosophie. Und das, obwohl stets Kreative in der Ökonomie gebraucht werden – damals wie heute. Zudem muss Wirtschaft keineswegs langweilig sein!

Du brauchst kein Studium, um Gründer zu werden. Ebenso wenig ist es erforderlich, dass du dich in allen Bereichen auskennst – was auch schlichtweg nicht machbar ist. Wichtig ist, dass du einen groben Überblick hast und dir von Zeit zu Zeit geeignete Experten zur Seite holst. Peter Thiel, Paypal-Gründer und Erstinvestor bei Facebook und Airbnb, hat auf einem Vortrag gesagt: »Jedes Jahr gehen zig Tausende BWL-Studenten von der Uni. Der Wettbewerb ist so hart, dass der Lohn sinkt. Du musst nicht das tun, was alle anderen auch tun, denn der Lohn ist dort besonders gering.«

Heißt das, du sollst aufhören zu lernen oder gar das Studium abbrechen? Nein – ganz im Gegenteil! Denn Lernen ist unverzichtbar. Mir wurde das Lernen immer vorgeschrieben, sowohl in der Schule als auch in der Universität. Erst als ich mich von diesem System gelöst habe und für mich selbst gelernt habe, konnte ich feststellen, wie viel Spaß mir das Lernen macht. Heute lerne ich vor allem Dinge, die ich anwenden kann. Meine Seminare und Coachings stelle ich selbst zusammen und nutze die Chance, von erfolgreichen Menschen das zu lernen, was ich selbst erreichen möchte. Das Ende des fremdbestimmten Lernens war mein Beginn, am Lernen Spaß zu haben.

Dies soll nicht bedeuten, dass ein Studium für dich nicht sinnvoll und stimmig sein kann. Gerade wenn dein Ziel die Selbstständigkeit ist, kann es durchaus gut für dich sein, die Universität zu besuchen. Wie schon eingangs bei den Geschäftskonzepten beschrieben kann es dein Ziel sein, selbstständig zu sein, als Freiberufler führst du dann auftragsbezogene Arbeiten durch, bei denen du Zeit gegen Geld tauschst. Je spezifischer dein Fachwissen und dein Können sind, umso höher wird dein Stundensatz sein. In manchen Berufen ist ein Studium für deinen Start in die Selbstständigkeit essenziell, beispielsweise als Arzt oder Rechtsanwalt. Beim Entrepreneurship hingegen geht es darum, skalierbare Produkte zu erschaffen. Hierfür brauchst du nicht zwingend ein Studium, da dies ein konzeptioneller, kreativer Weg ist, auf den dich nur das Leben und der Weg selbst vorbereiten können.

Fazit: Egal welche Ausbildung du gemacht hast: Du kannst ein Unternehmen gründen. Für dein Feierabend-Startup ist es unabdingbar, dass du dir spezielles Wissen aneignest. Dies ist mein Ziel – nicht, dich zum Experten auf allen Gebieten auszubilden.

Wie du es schaffst, Ausgleich zu finden

Leider ist unsere Energie begrenzt. Dein Feierabend-Startup kann ganz schön an deinen Kräften zehren, insbesondere wenn du in deinem Hauptjob viel zu tun hast. Achte von Anfang an darauf, einen Ausgleich zu schaffen, indem du Phasen der Entspannung planst und feste Rituale der Erholung entwickelst. Ein Eisenstück, das immer und immer wieder gebogen wird, beginnt an der Dehnungsstelle spröde zu werden, bildet Risse und geht irgendwann bei zu großem Druck kaputt. Das sollte dir nicht passieren! Nutze alle verfügbaren Quellen, um neue Energie zu tanken.

Bewegung

Sport ist enorm wichtig, um Höchstleistungen zu erbringen und in Balance zu bleiben. Ich für meinen Teil gehe zweimal in der Woche zum Kampfkunstunterricht und dreimal wöchentlich ins Gym. Dabei kann ich komplett abschalten und halte gleichzeitig meinen Körper fit. Wer wissen möchte, wie es sich beispielsweise mit 40 Kilogramm Übergewicht lebt, braucht nur mal mit zwei 20-Liter-Eimern die Treppen bis in den sechsten Stock hochlaufen. Wenn du noch keinen Lieblingssport gefunden hast, begib dich auf die Suche! Es gibt so viele verschiedene Dinge, die du ausprobieren kannst. Wie wäre es mit Kraftsport, Yoga, Tai-Chi, Aerobic, Crossfit oder zumindest regelmäßigen langen Spaziergängen? Mein Chiropraktiker hat mal folgenden Satz gesagt: »Wenn man einmal schlecht auf einem Stuhl sitzt, ist das kein Problem, wenn du es jeden Tag oder regelmäßig machst, hast du bald gesundheitliche Schäden.« Achtsamkeit ist ein wichtiges Gesetz.

Ernährung

Hier gehen die Meinungen stark auseinander: Die einen sagen, dass eine vegetarische oder vegane Ernährung richtig sei. Wieder andere behaupten, dass die Paleo-Ernährung (Steinzeiternährung) die beste Ernährungsform sei. Wichtig ist, dass deine Nahrung vollwertig ist und einen hohen Energiewert hat. Zudem solltest du regelmäßig und über den Tag verteilt essen. Ich selbst ernähre mich überwiegend vegan, wobei ich gelegentlich Ausnahmen mache. Außerdem ist mir wichtig, dass meine Nahrungsmittel überwiegend ohne Plastikverpackungen auskommen, Bioqualität haben und möglichst aus der Region stammen. Es kann nicht schaden, dich ausführlich mit deinem Essen zu beschäftigen und einen ausgewogenen, bewussten und auf deinen eigenen Organismus ausgerichteten Ernährungsplan aufzustellen. An dem Spruch: »Du bist, was du isst«, ist etwas dran.

Schlaf

Auch Schlaf ist eine wichtige Energiequelle. Aus eigener Erfahrung weiß ich, wie viel Energie verloren geht, wenn man nicht richtig schläft. Durch das erhöhte Arbeitspensum und die Doppelbelastung deines Feierabend-Startups stehst du dauernd unter Strom. Es besteht die Gefahr, dass du abends nicht einschlafen kannst oder nicht richtig durchschläfst. Dauerhaft zu kurze oder fehlende Tiefschlafphasen nehmen deinem Körper jedoch die Möglichkeit zur Regeneration. Nicht nur, dass du deswegen abgespannt, unkonzentriert und oft auch unausstehlich bist, sondern du wirst dadurch auch empfänglich für Krankheiten. Ruhe und eine feste Routine vor dem Einschlafen können dir helfen, erholsamen Schlaf zu finden. Bei mir haben sich Dehnübungen und Meditation als Abendroutine bewährt. Andere Menschen schwören auf eine Morgenroutine. Wenn du merkst, dass du echte Schlafprobleme hast, empfehle ich dir den Gang zum Schlaftherapeuten.

Atmung

Atmung ist sehr wichtig, da Sauerstoff die Grundlage des Lebens ist. Wie oft atmest du bewusst? Beobachte in einer ruhigen Minute, wohin dein Atem fließt. Ideal ist eine tiefe Bauchatmung, wie du sie automatisch einnimmst, wenn du im Bett liegst und kurz vor dem Einschlafen bist. Auch bei Babys kannst du beobachten, wie sich der Bauch beim Atmen hebt und senkt. Die meisten Menschen atmen flach und lediglich im Brustkorb. Gerade Frauen werden oft über Jahre durch gängige Schönheitsideale dazu konditioniert, den Bauch einzuziehen. Yoga und andere Entspannungstechniken können dir helfen, zurück zu einer tiefen Atmung zu finden. Diese versorgt dich mit frischer Energie und hält dich gesund. Zusätzlich solltest du dich, so oft es geht, an der frischen Luft aufhalten. Zu diesem Zweck fahre ich überwiegend mit dem Fahrrad ins Büro.

Gedanken

Unterschätze niemals die Macht deiner Gedanken! Visionen, Träume, Ziele, positive Gedanken und interessante Gespräche können extrem stimulierend und inspirierend sein. Umgekehrt können dich Sorgen, Ängste, negative Gedanken und unterdrückte Gefühle in eine Abwärtsspirale bringen. Dein Leben entwickelt sich genauso, wie du darüber denkst, es wirkt nämlich das Gesetz der Anziehung. Sendest du positive Gedanken in die Welt, wirst du positive Erlebnisse anziehen. Es schadet nicht, auch mal geistige Hygiene zu betreiben.

Auf in die Praxis – nach dem Lesen folgen Taten

Die Lektüre dieses Buches hast du geschafft! Jetzt beginnt der spannendste Part: Du beginnst Schritt für Schritt, dein neues Wissen umzusetzen und erweckst somit dein Feierabend-Startup zum Leben. Aus meiner Sicht wartet auf dich die aufregendste Zeit deines Lebens. Niemand weiß, was aus deinem ursprünglich als Feierabend-Startup geplanten Business entstehen kann. Ein prominentes Beispiel gefällig? Steve Wozniak hat zunächst nur nebenberuflich an dem Apple 1 gearbeitet. In seinem Hauptjob war er bei Hewlett-Packard (HP) tätig. Zu den Anfangszeiten von Apple wollte er dort auch bleiben, seine Freunde drängten ihn allerdings dazu, den sicheren Job bei HP aufzugeben und voll bei Apple einzusteigen.

Versetzen wir uns in die Lage von Steve Wozniak: Hätte er gezögert, wenn er von Anfang an gewusst hätte, was aus Apple einmal wird? Wohl kaum. Leider weißt du am Anfang nicht, wie sich dein Nebengewerbe entwickeln wird. Finde es heraus und wage den ersten Schritt! Wer weiß, wie sich dein Leben dadurch entwickelt? Die Welt wartet auf deine Lösungen, deine Produkte und Ideen. Denn wir alle können mehr, als wir uns heute zutrauen. Menschen sind zu den erstaunlichsten Dingen fähig. Wenn auch du das Gefühl hast, dass ein Entdecker oder Abenteurer in dir steckt, wird es Zeit, dich nebenberuflich selbstständig zu machen. Natürlich solltest du dich gut vorbereiten und die ersten Schritte durchdenken. Dennoch: Schwimmen musst du irgendwann allein. Dabei wünsche ich dir viele positive Erfahrungen, eine Menge Spaß und baldmöglichst das schöne Gefühl, dass dein Feierabend-Startup die allerbeste Entscheidung war.

Vielen Dank

Ich möchte mich an dieser Stelle ausdrücklich bei allen Menschen bedanken, die mich bei diesem Mammut-Projekt unterstützt haben. Insbesondere will ich meine beiden Geschäftspartner Michael Gebhardt und Paul Hinrichs nennen, die wertvolles Know-how eingebracht haben. Aber auch bei Sandra Sauter und Karsten Reschke möchte ich mich für das Lektorat und das Feedback bedanken. Und natürlich bei allen anderen, die mich in der Zeit, in der ich an diesem Buch gearbeitet habe, entbehren mussten. Es hat sich aber für alle Beteiligten bereits in dem Moment gelohnt, in dem du dieses Buch als Ausgangsbasis für eine neue, bessere und stimmigere Zukunft verwendest.

Über den Autor

Erik Renk ist Gründer von FeierabendStartup. Er rief sein erstes Unternehmen im Alter von 19 Jahren ins Leben. Seitdem hat er durch die Gründung verschiedener Start-ups und den Kauf und Verkauf von Unternehmen viel Erfahrung gesammelt. Diese gibt er über sein Unternehmen wie auch seinem Blog an alle, die eine Existenzgründung planen, weiter.

www.feierabendstartup.de

Stichwortverzeichnis

A

Abmahnung 7, 78, 172 f. 219, 225–228
Airbnb 24, 29, 244
Aktiengesellschaft 59
Alando 25, 149
Aldi 29
Alibaba 23
Amazon 18, 23, 61, 155, 208, 226 f., 235
Ambiguität 34
Apple 18, 113, 201, 205, 212, 214, 216, 232, 249
Arbeitslosengeld 70, 123
Arbeitsrecht 118, 127, 134
Arbeitszeitgesetz 126
Automattic 148 f.

B

Backlink 176–183
Baurecht 109
Beamter 119–122
Berufshaftpflicht 77, 103
Beteiligung 11, 26, 54 f., 59, 63, 89, 106
Betriebshaftpflicht 103
Bic 18, 246
Bootstrapping 53 f.,128
Buchführungspflicht 82

Buchhaltung 59, 62, 64, 75, 79, 81, 83, 85, 87, 125, 203
Bundesbeamtengesetz 120–122
Bundesurlaubsgesetz 125
Bürogemeinschaft 77
Business Angel 27

C

CartoGo 25
Cleverreach 194
Cloudspeicher 208 f.
Copy Cat 25
Coworking Space 112 f. 239

D

DigiStart 236
Digistore 92
Digitaler Nomade 115
Direkthandel 41
Domiziladresse 114 f.
DriveNow 25
Drop-Shipping 41

E

Ebay 18, 23, 25, 226 f.
Economics of Attention 32
Einfache Gesellschaft 141

Eingetragener Kaufmann 54
Eingetragenes Design 222–224
Einkommenssteuer 68, 85, 97, 132 140
Einkommenssteuererklärung 88
Einkommenssteuergesetz 74
Einzelfirma 141
Einzelunternehmer 51, 53–55, 82, 84, 89, 136, 138, 157
Entrepreneurship 27, 30–32, 243–245
Erklärvideo 207 f.

F
Facebook 14, 19, 29, 39, 166, 188 f., 197, 226 f., 236, 244
Feedbackschleifen 33
Firmenrechtsschutz 104
First-Mover-Effekt 19, 25
Flops 18
Free-Modell 19
Freemium-Modell 19
Freiberufler 67, 72–78, 110, 245
Fulfillment-Anbieter 23

G
GBR 51 f. 54, 56, 58–62, 76 f., 79 f., 82 f., 89, 109, 132, 138, 141
Gebrauchsmuster 219
Geschäftskonto 201, 203
Geschmacksmuster 211, 222
Gesellschaftervertrag 52, 56 f., 61–63, 69, 138, 141
GetResponse 194
Gewährleistung 133
Gewerbefreiheit 70, 118

Gewerbeordnung 118
GmbH 10, 53 f., 59, 60–62, 65, 72, 76, 82, 84, 89, 106, 132, 138, 141 f.
Google Keywords 220, 15–155, 160, 164, 172, 187 f.
Gründerzuschuss 70,123
Gründungsfinanzierung 55, 129

H
Handwerksbetrieb 68
Hello Fresh 25
Hinzuverdienstgrenze 122
Homeoffice 107 f., 108, 110, 112

I
Idea Development 29
Idea Refinement 29
IHG 30, 49
Ikea 21, 29, 239
Inbound-Marketing 144 f., 147, 153
Inhaltsversicherung 103
Insolvenz 52, 130, 237
Insolvenzverschleppung 62 f.
Instagram 188, 197
Investorenbeteiligung 59
iTunes 18, 181

J
Jahresabschluss 54, 62, 80, 82, 87

K
Kapitalgesellschaft 52 f., 63, 72, 84, 136
Katalogberuf 75–77
Keimster 38, 42, 47 f.

KG 10, 52 f., 60, 65, 76, 82, 89, 124, 126, 132 f., 159, 171, 228, 237, 239
Kleingewerbetreibende 53 f., 59, 79 f.
Köder-Haken-Modell
Kollektivgesellschaft 141
Konkurrenzschutz 118
Krankenversicherung 94, 96, 98, 100–102, 115, 126, 135 f.
Künstlersozialkasse 78

L
Limited 60 f., 65, 139, 142
Linkbird 153, 187
Long-Tail-Geschäftsmodell 18
Longtail Keywords 152

M
MailChimp 194 f.
Makerspace 23, 114
Markengesetz 212, 215
Markenrecht 211, 213 f., 216
Markenregister 212
Markenschutz 206, 213
Mini-One-Stop-Shop 88, 92
Mission 106, 110, 148, 233–236
Mitfahrgelegenheit 25
Mitsubishi 18
Moment of Truth 145–147
Multi-Sided-Platform 19 f.

N
Natürliche Person 51, 53
Nebenerwerb 10, 97, 101, 119, 121–123, 132, 134 f., 236, 242

Nebentätigkeit 118, 121, 134
Nespresso 21
Netflix 18
Netzwerkeffekt 19
Newsletter 176, 190, 194–197

O
Obligationenrecht 139
OHG 52, 54, 76, 80, 82, 89, 132, 138
Outbound-Marketing 144, 146

P
Partnerschaftsgesellschaft 73, 76
Payment Gateway 185
Personengesellschaft 51, 62, 65, 93
Personenhandelsgesellschaft 51 f., 65, 69, 76, 79, 84
Pitch Deck 26
Proof of Concept 9, 28, 38, 42, 53, 105, 112, 124

R
Rocket Internet 25
Ryte 154

S
Scheinselbstständigkeit 96, 102
SECockpit 152 f., 183
Second Mover 19
SERP 154, 178
Sharing Economy 25
Sistrix 153, 187
Skype 20
Snapchat 188

Sony Aibo 18
Sozialversicherung 79, 93 f., 96 f., 123, 133–135, 137, 140
Spreadshirt 23
Starbucks 61, 112
Student (und Nebenerwerb) 71, 96–98, 113, 122, 191, 243
Suchmaschinenoptimierung 143, 178

T
Tätigkeitsberuf 75
taxdoo 92
Teilzeit 121, 124 f.

U
Uber 24
Überschriften 161–163
Umsatzsteuer 81, 83 f., 86, 90–93, 138, 140, 203
Umsatzsteuergesetz 91
Unternehmergesellschaft 59 f.
Urheberrecht 219–224

V
Vermögensschadenhaftpflicht 103
Vision 156, 183, 233–236, 239, 248
Vorsteuer 81, 91

W
White-Label-Produkt 23
WooCommerce 183–186, 195
WordPress 148 f., 156 f., 166, 168–173, 176, 179, 182–186, 195

X
Xerox 17, 232

Y
Yourbiobrands 38–40, 42, 45

Z
Zalando 25, 149